住房和城乡建设部"十四五"规划教材

教育部高等学校建筑学专业教学指导分委员会
建筑美术教学工作委员会推荐教材

高等学校建筑学与环境设计专业美术系列教材

钢笔画表现技法

（第二版）

陈新生　陈　刚
陈　瑶　胡振宇　编著

Pen Drawing
Performance
Skills (2nd ed)

中国建筑工业出版社

图书在版编目（CIP）数据

钢笔画表现技法 = Pen Drawing Performance
Skills（2nd ed）/ 陈新生等编著 . -- 2 版 . -- 北京：
中国建筑工业出版社，2024.7. --（住房和城乡建设部
"十四五"规划教材）（教育部高等学校建筑学专业教
学指导分委员会建筑美术教学工作委员会推荐教材）（
高等学校建筑学与环境设计专业美术系列教材）.

ISBN 978-7-112-30129-4

Ⅰ . J214.2

中国国家版本馆 CIP 数据核字第 2024MJ2870 号

钢笔手绘表现对于设计师是很实用也很重要的。钢笔手绘有助于帮助设计师研究推敲设计方案，是展示和交流设计方案的主要手段，同时也是一种表达自己设计构想的重要语言。本教材内容包括钢笔画表现基础训练、立体形态构成训练、钢笔画平立面表现、画面构图与表现步骤、画面配景与气氛表现、画面明暗与光影表现、美术实习写生采风、作品赏析。

本书可作为高等院校建筑学、城乡规划、风景园林设计与室内设计等专业的教学用书，也可作为设计师和专业从业人员提高专业水平的参考书。

责任编辑：杨　琪　陈　桦
责任校对：赵　力

住房和城乡建设部"十四五"规划教材
教育部高等学校建筑学专业教学指导分委员会建筑美术教学工作委员会推荐教材
高等学校建筑学与环境设计专业美术系列教材
钢笔画表现技法（第二版）
Pen Drawing Performance Skills（2nd ed）
陈新生　陈　刚　陈　瑶　胡振宇　编著
*
中国建筑工业出版社出版、发行（北京海淀三里河路9号）
各地新华书店、建筑书店经销
北京雅盈中佳图文设计公司制版
天津裕同印刷有限公司印刷
*
开本：880 毫米 ×1230 毫米　1/16　印张：9¹/₂　字数：236 千字
2024 年 7 月第二版　2024 年 7 月第一次印刷
定价：**49.00** 元
ISBN 978-7-112-30129-4
　　　（42858）

陈新生

1982年毕业于中国美术学院，现为合肥工业大学建筑与艺术学院教授，享受国务院特殊津贴。曾编著《建筑师图形笔记》《构思与表现》《设计速写》《建筑速写技法》等二十余部教材与专著。2003年法国巴黎艺术城访问学者。2010年德国汉诺威应用科技大学访问学者。

陈 刚

合肥工业大学建筑与艺术学院建筑学教授，博士生导师。兼任安徽省城市规划学会副会长、"徽州古村落数字化保护与传承创意安徽省重点实验室"主任。主持国家"十四五"重点出版物编写、荣获安徽省教学成果特等奖、安徽省社会科学奖二等奖等奖项。获评安徽省级"优秀教师"称号。

陈 瑶

合肥工业大学建筑与艺术学院副教授，北京大学文学博士，曾入选中国美协中青年美术家海外研修项目"一带一路"重点课题，赴新加坡美术馆执行高访研修任务，在《美术》《美术观察》《新美术》《装饰》等核心期刊上发表论文多篇，出版合著多部专著。两次获安徽省教学成果奖一等奖。

胡振宇

南京工业大学建筑学院教授，住房和城乡建设部绿色建筑评价标识专家委员会成员，中国建筑学会建筑教育评估分会理事，江苏省建筑师学会委员。2004年德国慕尼黑应用科学大学访问学者。发表学术论文30余篇，主编、参编专著6部，主持和参与省部级课题10余项、工程设计项目20余项。

本系列教材编委会

序 | Preface

为推动建筑学与环境设计专业美术教学的发展，当时的全国高等学校建筑学学科专业指导委员会建筑美术教学工作委员会与中国建筑工业出版社经过近两年的组织策划，于2012年4月启动了《全国高校建筑学与环境艺术设计专业美术系列教材》的建设，力求出版一套具有指导意义的、符合建筑学与环境设计专业要求的美术造型基础教材。本系列教材的9个分册《素描基础》《速写基础》《色彩基础》《水粉画基础》《建筑摄影》《水彩画基础》《钢笔画表现技法》《建筑画表现技法》《马克笔表现技法》，陆续出版。

2021年住房和城乡建设部"十四五"规划教材发布，新增《设计素描》《视觉设计基础》入选本系列教材。

美术造型基础对于一个未来的建筑师、艺术家、设计师而言，能够有效地帮助他们积累认识生活和表现形象的能力，帮助他们运用所掌握的知识创造性地来表达设计构想、绘画作品和艺术观念，这正是我们美术基础教学的意义与目的所在。

天津大学建筑学院彭一刚院士说过一段话："手绘基础十分重要，计算机作为设计工具已是一个建筑师不可或缺的手段，可计算机画的线是硬线，但设计构思往往从模糊开始，这样一个创作过程，手绘表现的必要就显现出来。"建筑学和环境设计专业教育的对象是未来的建筑师、室内设计师和风景园林师。他们在创造自己的设计作品时，首先要通过草图来表达自己的设计构想，然后才能通过其他手段进一步准确地表现所设计的空间形态与设计语言，即便在电脑设计运用发达的今天，美术造型基础和综合表现能力仍然是一个优秀设计师所必须具备的素质。

本系列教材的编写者，都是具有多年教学经验的教师。各位作者研究了近年来我国各高校建筑学与环境设计专业美术教学的现状，调研了目前各高校的教学与教改状况。在编写过程中，参加编写的教师能够根据教学规律与目的，结合实践与专业特点进行教材的编写。在图例选用上尽量贴近专业要求和课堂教学实际，除部分采用大师作品外，还选用了部分高校一线教师的作品以及优秀学生作品，使教材内容既有高度，又有广度，更贴近学生学习的需要。本教材按照专业基础的学习要求，最大限度地把需要学习掌握的知识点包含在内。我们相信该系列教材的出版，可以满足全国高等学校建筑学与环境艺术专业当前美术教学的需求，推动美术教学的发展；同时，本系列教材也会随着美术教学的改革和实践，与时俱进，不断更新与完善。

本书编写过程中得到了国内诸多高校同仁的鼎力相助，在此要感谢东南大学、清华大学、天津大学、同济大学、中央美术学院、湖南大学、合肥工业大学、南京工业大学、华中科技大学、北京建筑大学、西南民族大学、湖北师范学院、江西美术专修学院、长沙艺术职业学院、厦门大学、哈尔滨工业大学、西安建筑科技大学、华南理工大学、重庆大学、四川大学、上海大学、广州大学、长安大学、西南交通大学、郑州大学、西安美术学院、内蒙古工业大学、吉林艺术学院、苏州科技学院、山东艺术学院等三十多所院校的四十多名老师的积极参与，同时还要特别感谢提供优秀作品的老师和学生。

教育部高等学校建筑学专业教学指导分委员会建筑美术教学工作委员会
2023年4月

前 言 | Forword

　　钢笔手绘表现对于设计师是很实用也很重要的。钢笔手绘有助于帮助设计师研究推敲设计方案，是展示和交流设计方案的主要手段，同时也是一种表达自己设计构想的重要语言。在竞争激烈的今天，钢笔手绘表现是每一位优秀的设计师必须具备的基本技能。快速的徒手表达与表现能迅速捕捉自己的意念与想法，也同样可以将资料快捷地临摹下来，它比模型制作更快，比工程制图更为直观和便捷，并提供了直观形象的最佳选择。因此在设计类院校中手绘表现是一门非常重要的必修基础课，是培养学生观察能力、训练学生表现能力不可缺少的重要手段。从徒手能力的培养入手，为学生打下坚实的基础，在审美能力、设计能力、表现能力上建立丰厚的底蕴。

　　设计是一项创造性的思维活动，设计师可以通过钢笔手绘表现来很好地将自己的创意转化为可视的形象，方便自己不断地推敲和修改自身设计，是一种非常重要的方法。设计本身包含各种图形的绘制工作，绘图与设计原本就是一体，相互依存、密不可分。钢笔手绘表现图正是这一思维活动的统一表现，也是设计视觉性、直观性的一种表现方式，是设计师的基本表达语言。随着科学技术的不断进步，计算机的广泛应用给我们的设计工作带来了革命性的变革，计算机被普遍运用到各类设计行业中，各种绘图软件给我们提供了很多种表达设计的方法，丰富了表现技法并充分展现出其优势，推动和加快了设计行业的发展，使得设计师的表达方式出现多样化、专门化的趋势。然而，设计的过程是创造性思维的过程，这种艺术思维能力和创作的灵感是任何先进的机器所不具备的，也不可能被某种现代技术所取代。因此在很长的时间内乃至永远，计算机不可能完全代替手工研究设计，尤其不能代替学习过程中通过作业训练而培养的思维能力和表达方式。对学生而言，更需要这样的训练。正如德国包豪斯学校最重要的平面设计家赫伯特·拜耶所言："具有创造性的程序不仅仅是靠技术娴熟的手工完成的，所有的创造设计都必须依靠脑、心和手的同心协力合作达到。"建筑设计、城乡规划设计、风景园林设计和室内设计的过程和表现过程就是"眼—脑—心—手"的互动与协作过程，即是观察、思考、理解和表现的一种综合过程。

　　毫无疑问，随着钢笔手绘表现能力的增强，能够更大限度地挖掘计算机绘图的潜在能力，表现手段也更为灵活多样。同时，计算机辅助设计在观念上改变了以往的表现概念，传统的手工绘制表现和现代的计算机绘图各有千秋。手绘和电脑如何优势互补，艺术与科学如何完美地结合，怎样才能产生新的表现形式等等，成为我们要思考的问题。本书可作为高等院校建筑学、城乡规划、风景园林、室内设计与环境设计等专业的教学用书，也可作为设计师和专业从业人员提高专业水平的参考书。

目 录 | Contents

第1章 钢笔画表现基础训练

　　素描是一切造型艺术的基础，钢笔画则是建筑素描的基础，是建筑素描学习中的重要组成部分。因此对于钢笔画表现来说，钢笔画的基础训练尤其重要。钢笔画可以用来训练设计师对事物形象的观察、分析和表现的能力，还可以作为一种独特的艺术语言来进行艺术表现或设计构思和表达，这是设计师对客观世界的艺术表达的方式的第一步。钢笔画不仅是造型艺术中不可缺少的一种基本功的训练，而且是设计过程中的一种重要的表达手段，它已经普遍成为设计师表达设计意图的一种重要语言。

　　所谓钢笔画，表面上看，就是用较快的速度来描绘建筑以及环境，而它的实质含义更丰富、更宽泛，不仅是速度上要快捷，同时也要求我们观察对象时的敏锐性、捕捉对象的整体性等方面的能力进一步提高。钢笔画是一种即兴的表现，是对形象熟记于心后的一挥而就，是临场的随机应变和驾驭。一幅成功的钢笔画或快速表现图看起来只是几笔轻松的勾勒和描绘，殊不知这之中需要经过大量的训练和摸索才能达到炉火纯青的程度。钢笔画作为一项造型艺术的基础训练，对于学习设计来说有三种意义：一是培养敏锐的观察能力和快速的表达能力；二是收集大量的设计资料和储存丰富的形象信息；三是理解物体空间的整体构造和感悟物体的尺度细节。

　　钢笔画需要绘画者手、眼及脑并用，并通过对对象的观察分析，进行刻画。只有通过这样一个过程，才能加深对描绘对象的感性理解和记忆，同时也提高对物体的艺术感受能力。实践证明速写好的人往往脑灵、眼高、手巧，做起设计来奇思迭出、反应灵敏、表现快速，这是与他们的长期训练分不开的。钢笔画的掌握需要长期的训练，不是一朝一夕就能够驾驭的。所谓"拳不离手，曲不离口"，正是对把握速写这一表现形式最好的诠释。钢笔画的题材与形式是多样的，静物、石膏像、人物、植物等都可以纳入画面，设计草图、记录资料，甚至电影电视中的图像默写，都可以作为钢笔画的题材。在绘画时手脑合一、心到手到，可以称得上是速写技法的最佳境界。

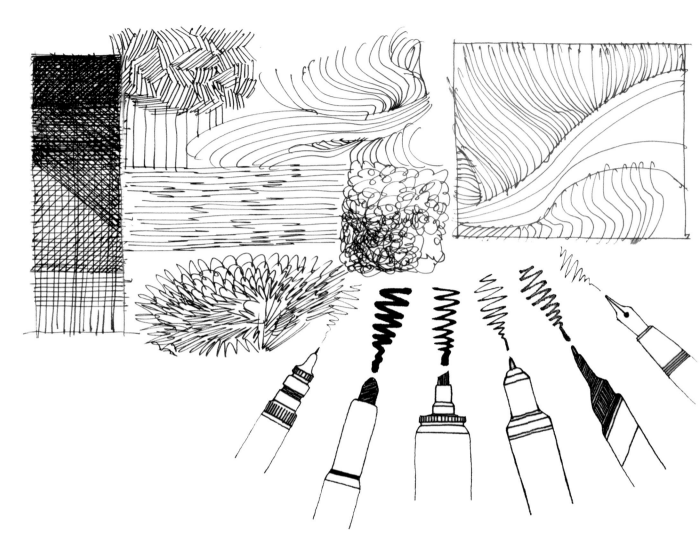

1.1 线条练习

　　线条是钢笔速写造型要素中最基本的形式，如何运用线条来表现客观事物就显得非常关键，在钢笔速写绘画中，线条具有重要的作用和意义。我们知道，在自然景物中，实际上不存在什么线条，景物轮廓的线形表现是人们主观创造出来的。但在钢笔速写中涉及的线条，并不是抽象、无生命、无内容的线条，而是能充分体现客观景物的形体、结构与精神的线条，它被赋予表达形体和空间感觉的职能。因此，在钢笔速写绘画过程中，要大胆地尝试用各种线条来表现对象，体会不同线条再现对象的感觉，充分利用线条的疏密、轻重、节奏来把握画面的整体效果，加强线条的灵活性和多样性能使画面产生热情和美感。

　　按照直线的构成类型可以把直线分为不相交的线、相交的线和交叉的线这三种形态。不相交的线如平行线；相交的线如折线；交叉的线如直交格子、斜叉格子等。自然界的一切物体的形态都可以理解成是由长短和方向不同的各种直线所构成。直线不仅对物体形的把握和描绘产生作用，而且以直线的疏密关系、纵横交错排列可以表现面和明暗关系，以直线运笔时的轻重缓急关系形成画面的空间感和节奏感，因此直线在建筑表现图中意义重大。

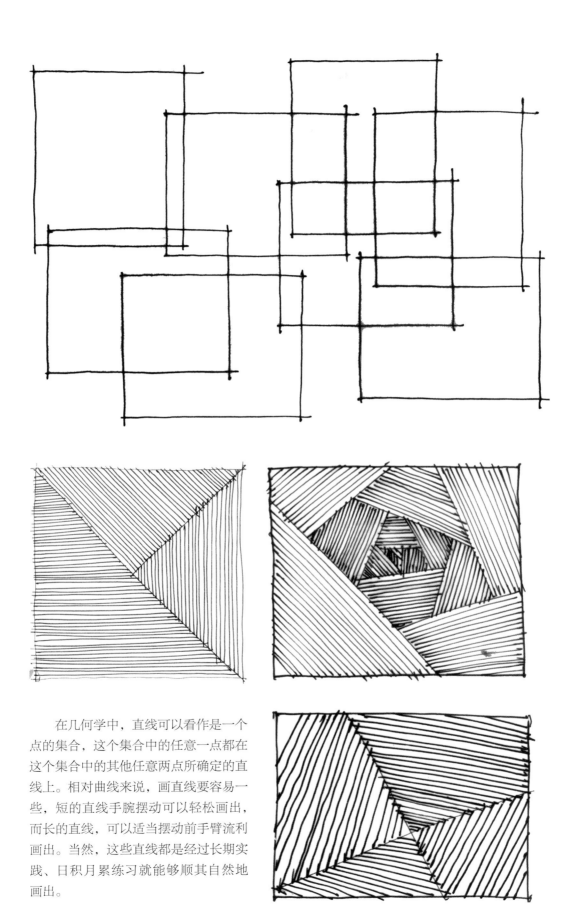

在几何学中，直线可以看作是一个点的集合，这个集合中的任意一点都在这个集合中的其他任意两点所确定的直线上。相对曲线来说，画直线要容易一些，短的直线手腕摆动可以轻松画出，而长的直线，可以适当摆动前手臂流利画出。当然，这些直线都是经过长期实践、日积月累练习就能够顺其自然地画出。

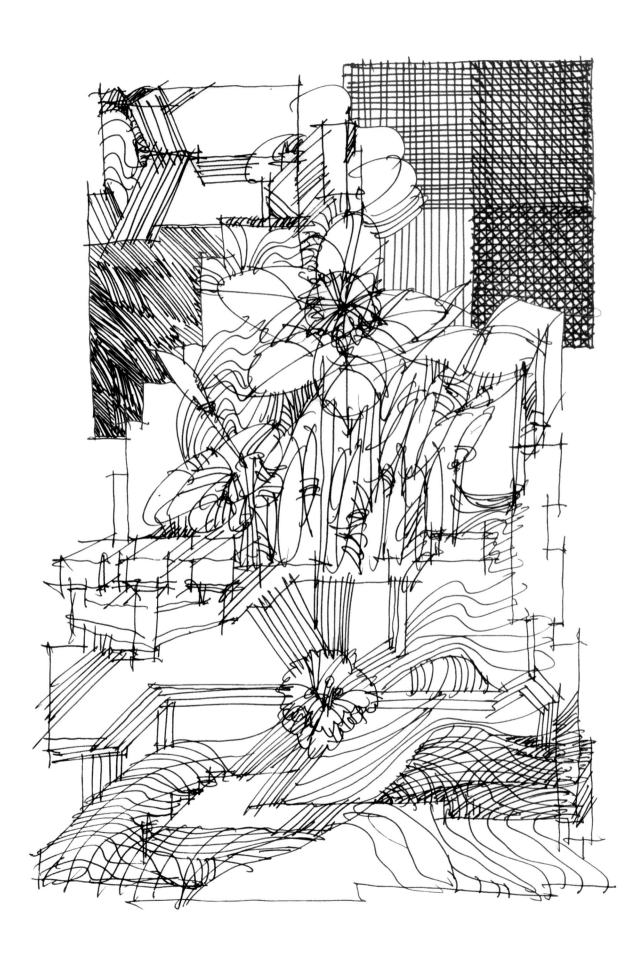

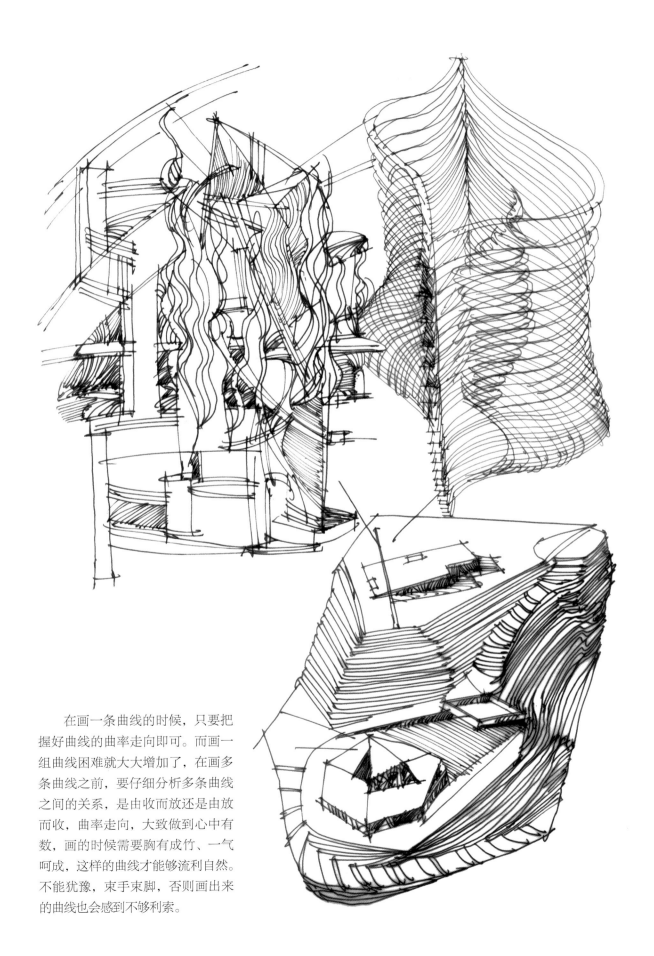

在画一条曲线的时候，只要把握好曲线的曲率走向即可。而画一组曲线困难就大大增加了，在画多条曲线之前，要仔细分析多条曲线之间的关系，是由收而放还是由放而收，曲率走向，大致做到心中有数，画的时候需要胸有成竹、一气呵成，这样的曲线才能够流利自然。不能犹豫，束手束脚，否则画出来的曲线也会感到不够利索。

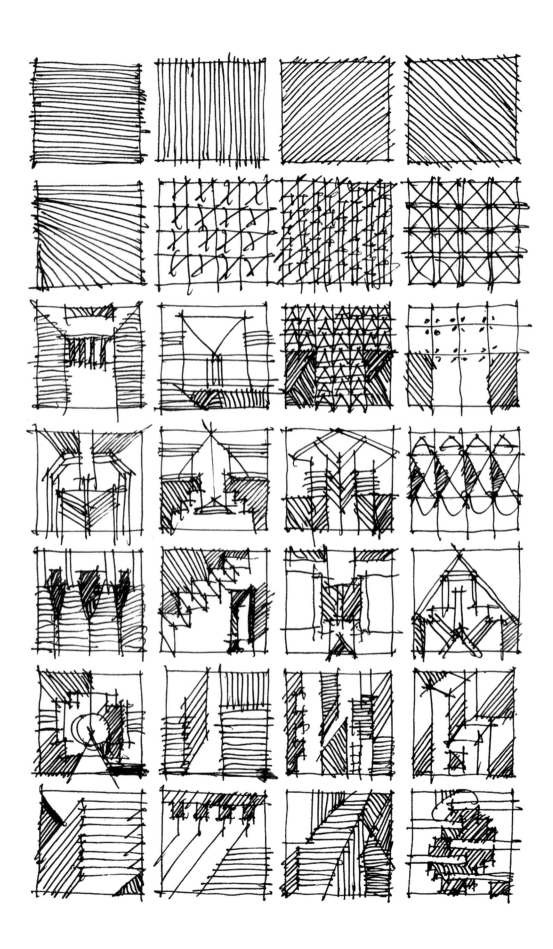

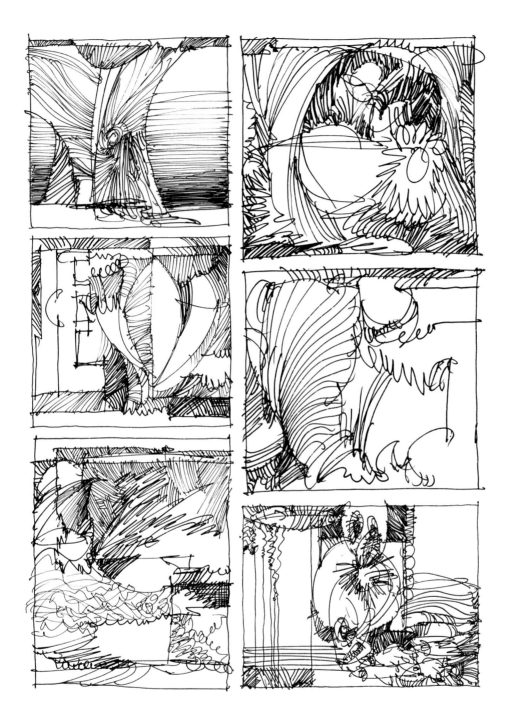

　　按照曲线的构成类型可以把曲线分为开放的曲线和封闭的曲线两种形态。开放的曲线如弧线、抛物线、双曲线等；封闭的曲线如圆、椭圆等。一般来说，排列曲线比排列直线难度要大一些，较短的曲线以手腕运动画出，较长的曲线则以手臂运动画出。画较长的曲线要做到胸有成竹，落笔之前就要看准笔画的结束点才能用较快的速度画出流畅、准确的曲线。

　　自然界中的曲线无处不在。通过对生活中真实世界曲线形体的观察和归纳，并对这些形体以曲线线条的形式表达并记录下来，这种练习对于我们理解曲线的意义重大。

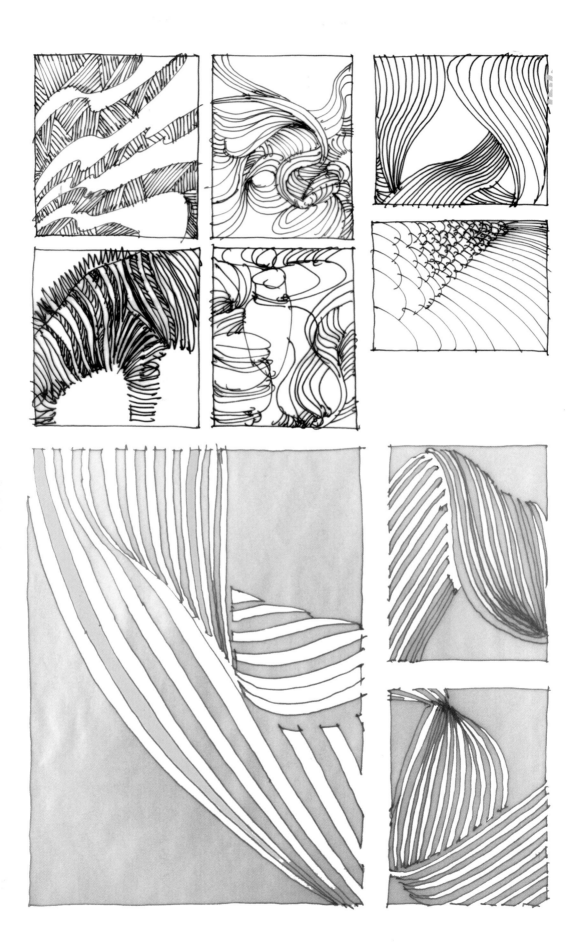

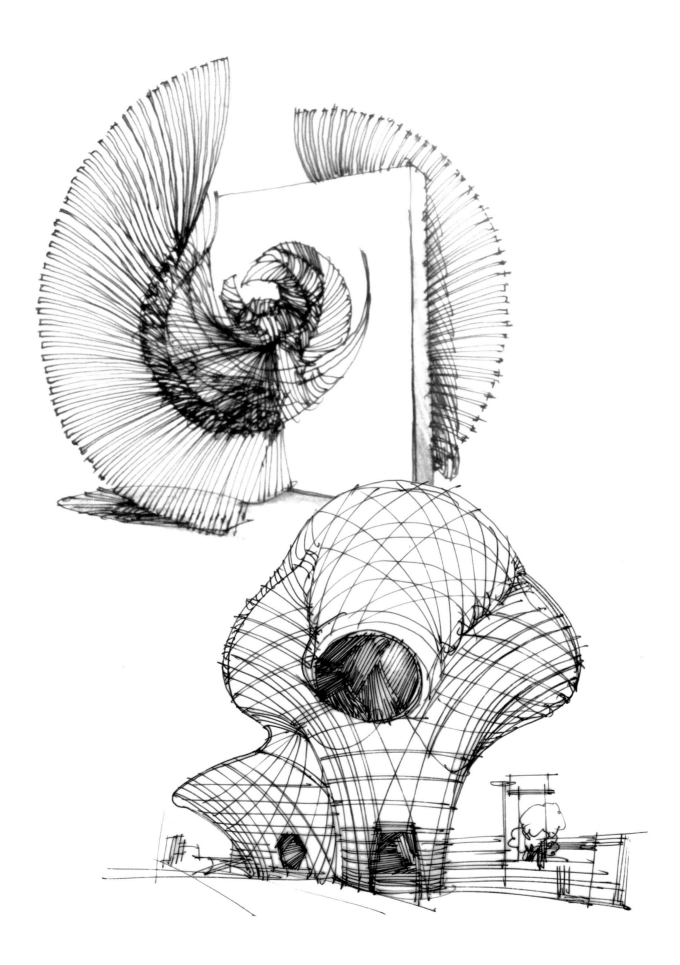

在画一条曲线的时候，直线与曲线在某些情况下，或者是在某个实际设计工程中会相互转化的，多条直线就能够组合成为曲线的物体，例如：高耸入云的广州电视塔，从远处看呈现出优美的曲线造型，走到近处才发现，电视塔从上到下都是直线钢管，巧妙地组合变成了曲线腰身。

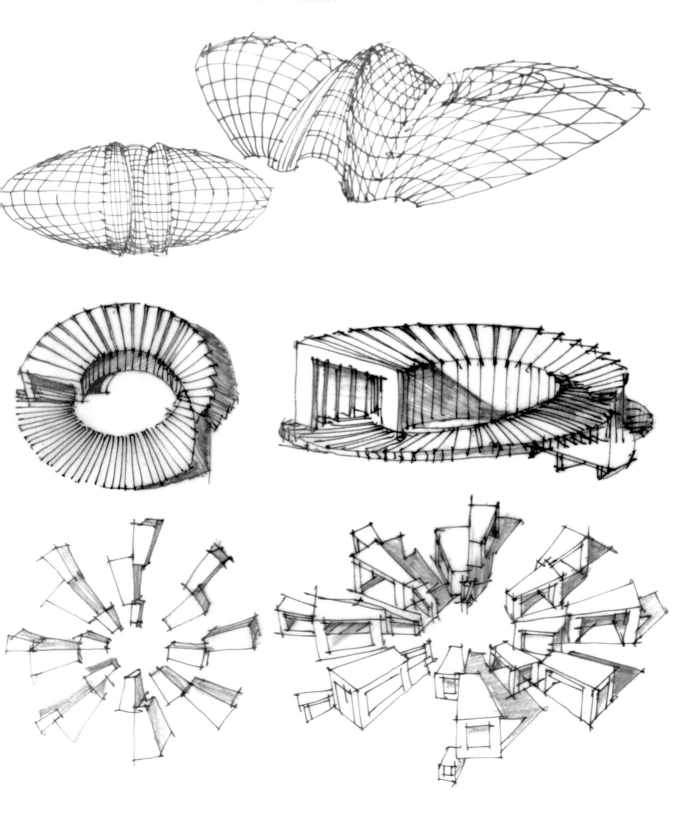

1.2 字体练习

　　在设计快题的绘画过程中，设计标题的书写是必不可少的，是画面中不可或缺的组成部分。中国汉字博大精深，里面包含着很多哲理与故事。只有你慢慢欣赏名人大师的书法，认真临摹其中的经典，才能够悟出其道理。在设计快题中可以用行书或草书文字，但是大部分情况下我们还是用美术字，字体以"综艺"体为基础，根据内容，设计出我们需要的文字。一般来说，美术字要本着横平竖直、笔画一致、上紧下松、顶满格子的原则。

　　横平竖直，这很好理解，需要注意的是，很多情况下，撇捺也转换成横平竖直的笔画，或者是横平竖直的笔画转换成撇捺。

　　笔画一致，就是说一般情况下，所有的横是一样粗细，所有的竖一样粗细。从大概率上，汉字的横多于竖，所以，横要细一些，竖要粗一些。

　　上紧下松，就是字的上部稍许紧一些，下部分稍许松一些，比较稳重从容，符合美学原则。

　　顶满格子，是相对而言的，笔画少的撇捺多的字要适当出格；笔画横竖多的围合度高的字要适当留些空隙，这样看上去才能够平衡。

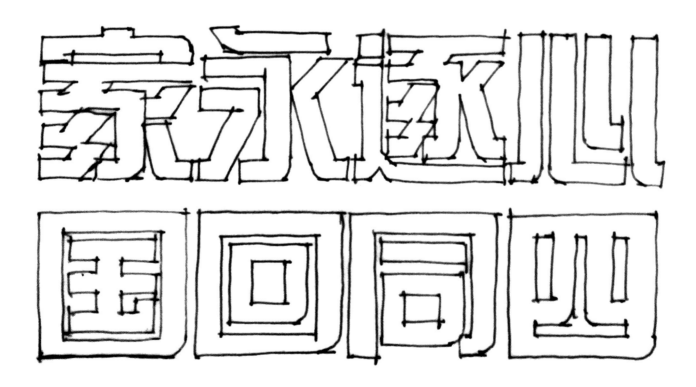

文字书写步骤为：铅笔打格子，起稿，钢笔勾线。最快的装饰方法就是用淡灰色马克笔沿钢笔线外沿描边。

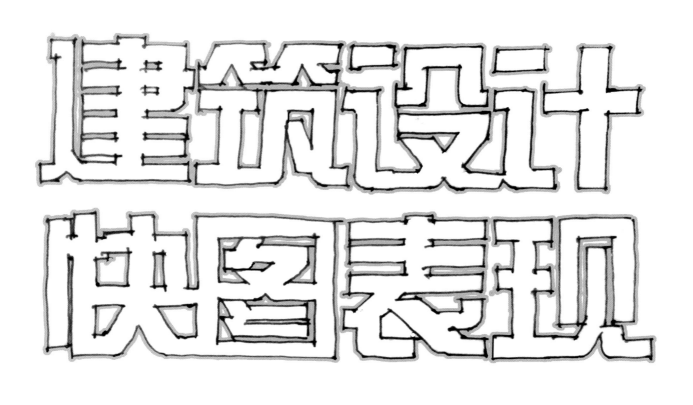

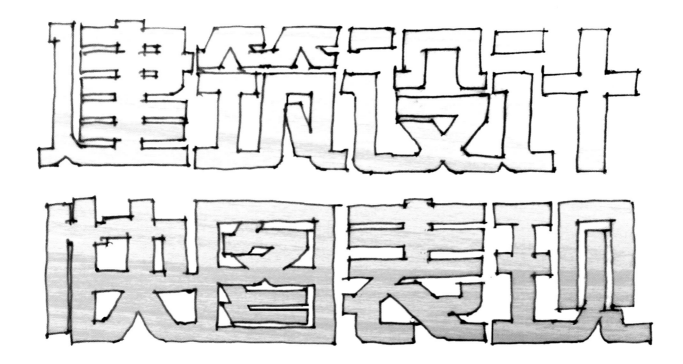

英文字用大写字母，因为小写字母上下不齐，而大写字母上下对齐，更容易形成块，书写也相对容易一些。英文字母大部分的宽度可以是一样的，少数几个字母的宽度需要适当宽一些。笔画上尽可能简化为横平竖直，这样比较容易把握。

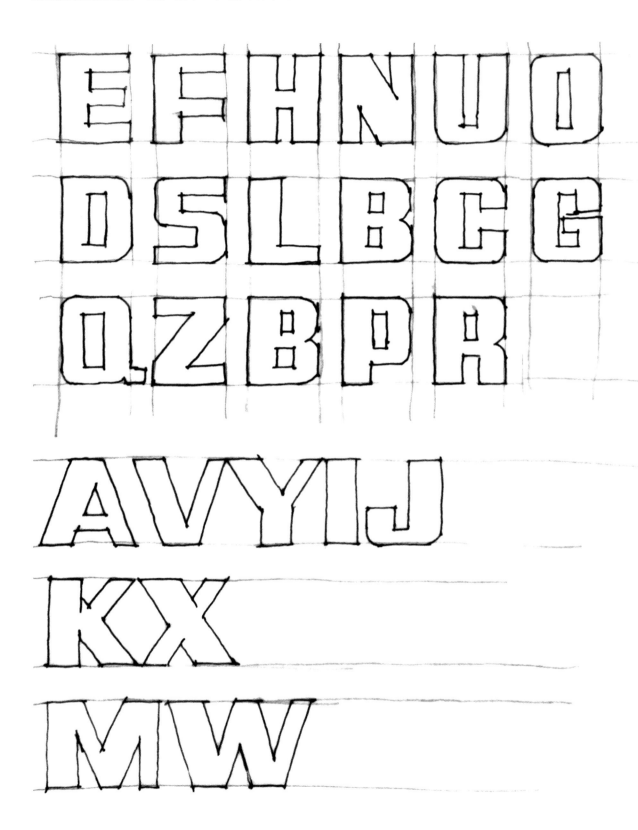

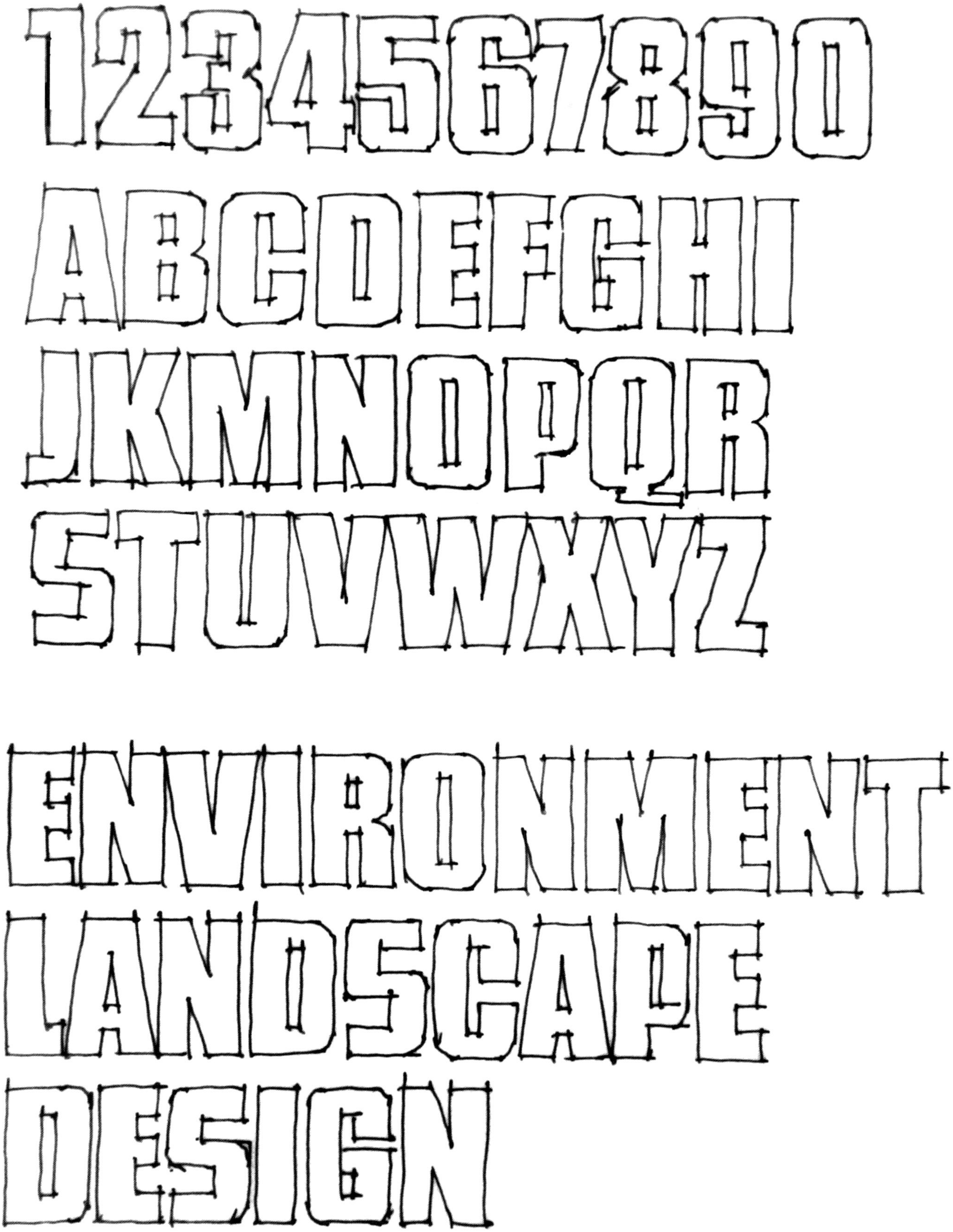

1234567890

ABCDEFGHI

JKMNOPQR

STUVWXYZ

ENVIRONMENT
LANDSCAPE
DESIGN

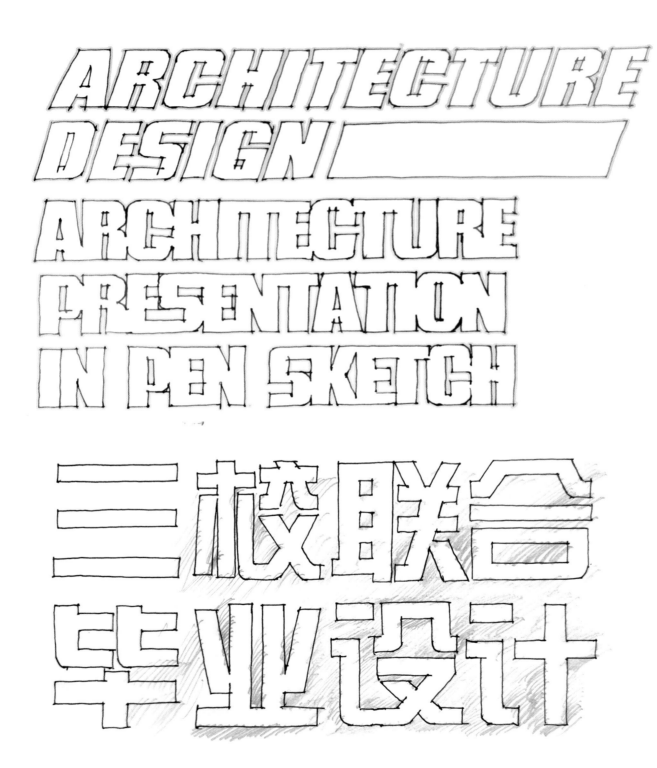

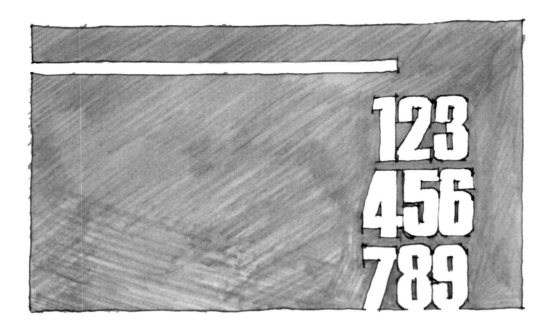

123
456
789

SPACE
&空间与形式
FORM

1.3 线面表现

　　以线条表现的钢笔手绘表现图是通过概括手法，利用线条的抑扬顿挫、粗细浓淡、曲直刚柔来组织物体的造型。它要求线条流畅挺秀，不求整齐周全，单线、复线都是腕中见功夫，线要拉出，切忌描出，拉则坚挺，描则纤弱。以直线或曲线做一些规律性的排列就形成了一个灰面，灰面的深浅与线条的密度有着直接的关系。线条的排列不是随意的组合，而是根据物体的结构和态势进行。排线形成的明暗关系使画面更具有层次感和节奏感，同时也有利于表达光影关系。

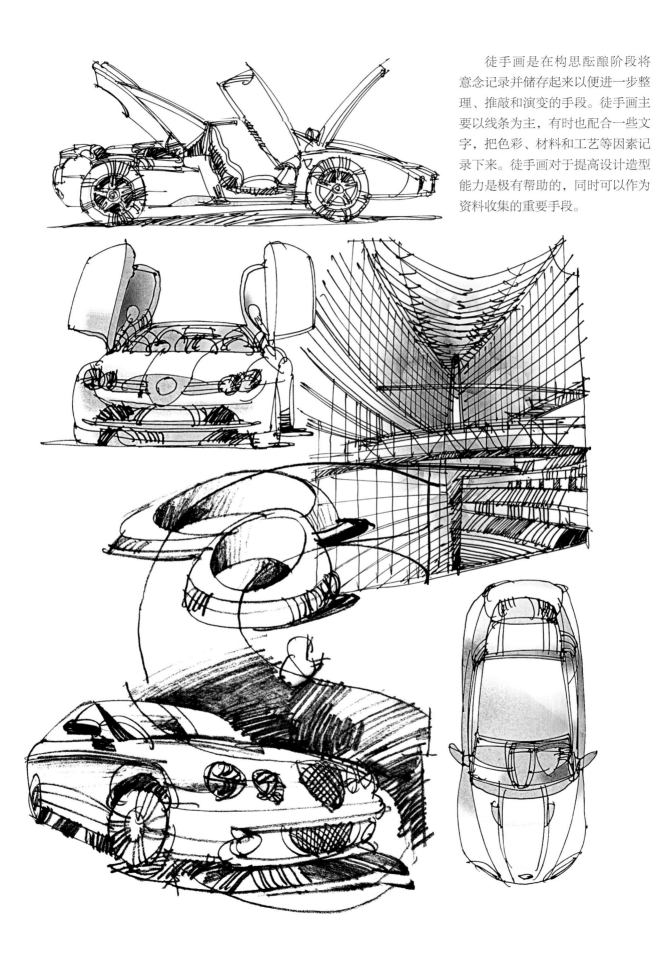

徒手画是在构思酝酿阶段将意念记录并储存起来以便进一步整理、推敲和演变的手段。徒手画主要以线条为主，有时也配合一些文字，把色彩、材料和工艺等因素记录下来。徒手画对于提高设计造型能力是极有帮助的，同时可以作为资料收集的重要手段。

　　徒手画不受时间、空间的限制，运用自如。在经过反复的实践、练习后进而达到胸有成竹、下笔果断的绘画水准。对于钢笔手绘表现，我们平时需要多动笔，扩大涉及的范围，如周围的汽车、身边的建筑等，都可以成为练习的对象，而我们也只有在画的过程中才能逐渐找到感觉，同时更好地理解设计师的匠心。

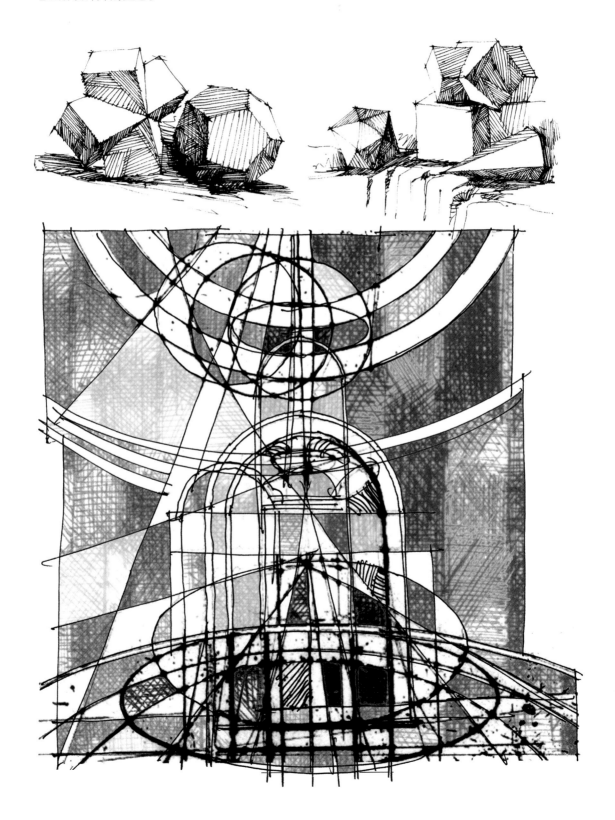

1.4　场景透视

在进行建筑钢笔画表现创作时，都有一个表现的技法和技能问题，透视是绘制建筑透视表现图最重要的基础，对于建筑钢笔画表现图来说至关重要。就算有着再高超的绘图技巧、再精彩的线条和细节，如果在透视方面出现了问题，那所完成的建筑表现图也是毫无意义的。

因此在绘制建筑钢笔画时，必须掌握透视学的基本原理以及判断能力。一张好的建筑钢笔画表现图必须符合几何投影规律，较真实、客观地反映特定的空间环境效果。如果我们假设在眼睛前及物体之间设一块玻璃，把玻璃假设为画面，那么在玻璃上所反映的就是物体的透视图，这块玻璃距眼睛的远近就决定了物体在画面中的大小。当然，在建筑钢笔画表现图中并不要求，也不可能做到每一根线都符合透视的规律，但是必须在大的透视关系上避免失误，能够根据实际场景来把握视点的选择以及透视感的强弱。为了在大的透视关系上保证准确，首先必须使所画的轮廓线符合透视原理，同时保证建筑物在大的轮廓和比例关系上基本符合于透视作图的原理。至于细节，多半是用判断的方法来确定，因而，在钢笔画透视表现图的实际写生作画中，多是凭经验和感觉来画透视轮廓的。

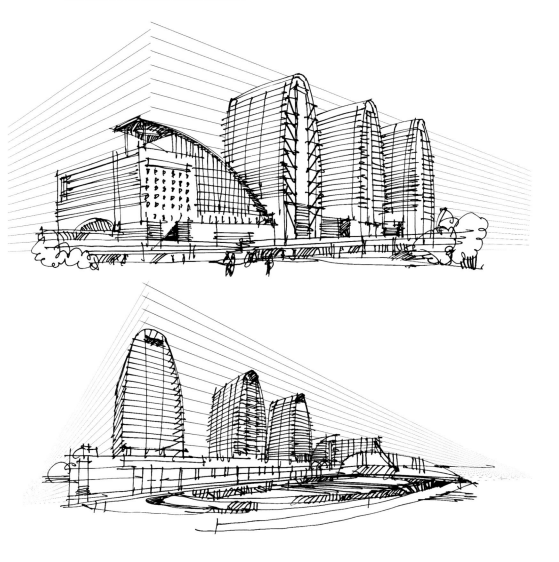

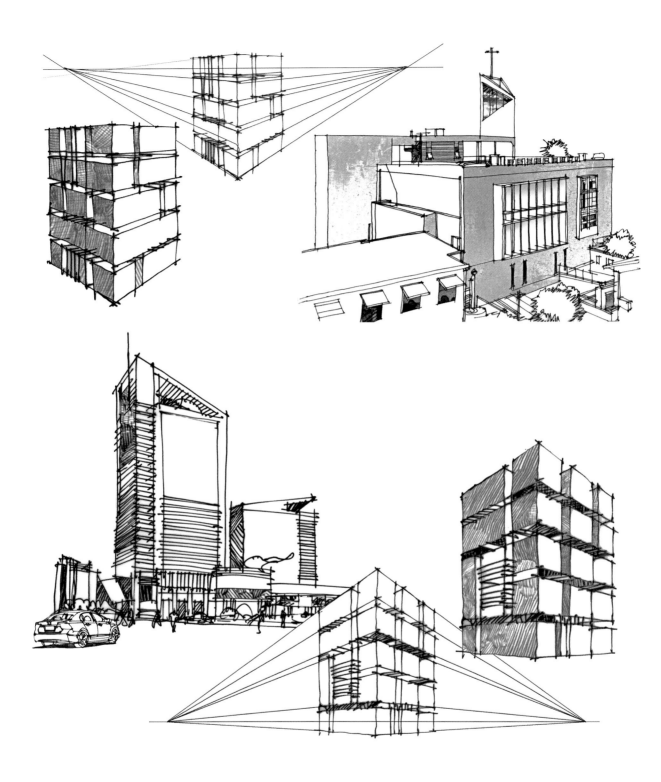

　　两点透视的形体练习，用这种角度画出的建筑体积感比较强。两点透视构图的优劣与一点透视一样，均取决于消失点位置的选择，同时也要求避免建筑外形轮廓线坡度一致而引起的单调感。透视消失点应距建筑一远一近，差别大时，透视线坡度的对比就可加强，形象较为美观，建筑上的两个面就因此有了显著的大小差别，可以分清主次关系。两个消失点之间的距离，至少需在建筑物沿视平线方向展开长度的两倍以上。

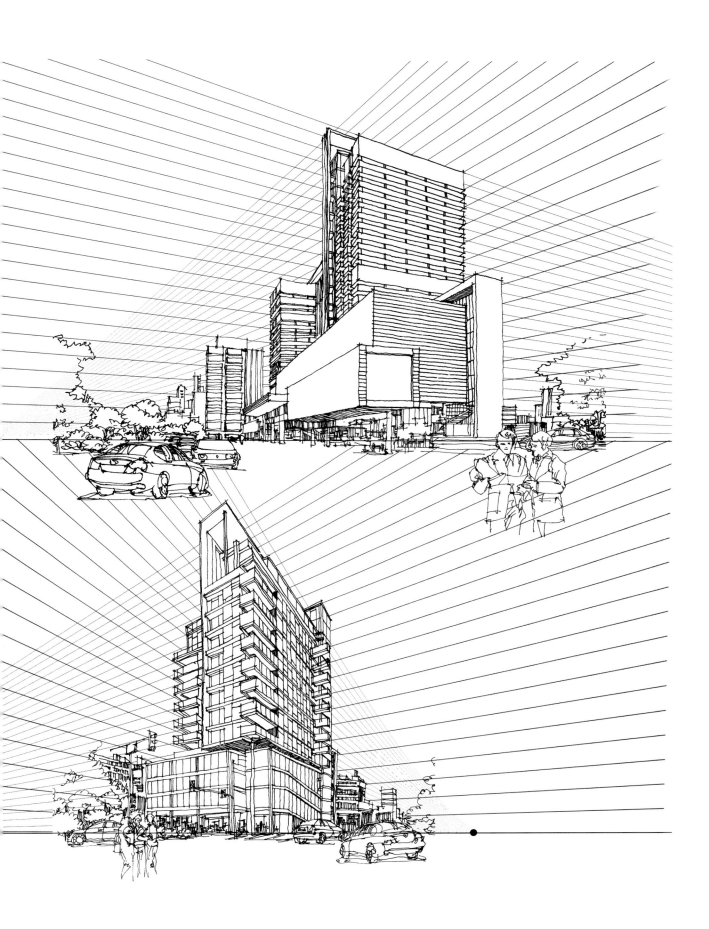

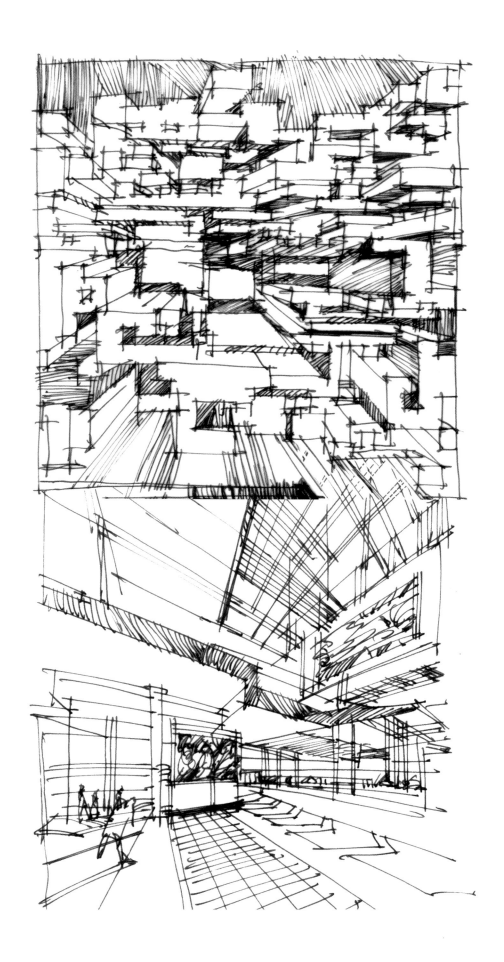

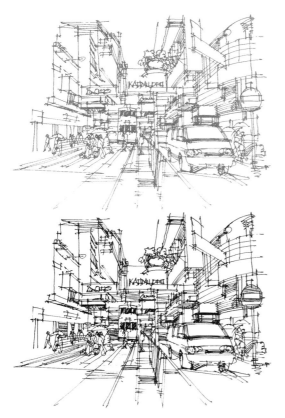

视点高度是视平线相对被画建筑的水平高度，在钢笔画表现中我们把它分为平视、仰视和俯视。平视一般指站立地面绘画，是最常见的绘画角度。平视点绘画会使建筑显得高大，具有最接近常人视觉的画面，因而能给观者身临其境的感觉。平视的透视关系因消失点交于一点，这样，画面显得比较生动活泼。

下图是某商业中心街景的描绘，采用平视的透视手法准确表现实际场景的空间关系与商业氛围。

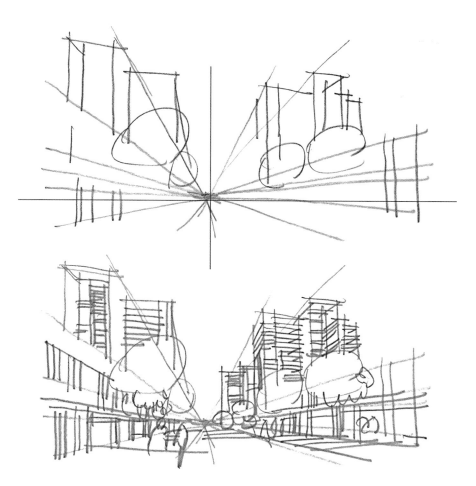

一点透视也称平行透视。以立方体为例，也就是说我们是从正面去看它，这种透视具有以下特点：构成立方体的三组平行线，原来垂直的仍然保持垂直；原来水平的仍然保持水平；只有与画面垂直的那一组平行线的透视交于一点。而这一点应当在视平线上，这种透视关系叫一点透视。用一点透视法可以很好地表现出建筑空间的远近感和进深感，透视表现范围广，适合表现庄重、稳定的空间环境。不足之处是构图比较平板。一点透视常用来表现延伸的街道和宽阔的广场等。

在本页图中，作者采用一点透视画街景，把视点设在画面偏右一角，画面的不对称关系带来了生动灵气的视觉效果。

山地别墅带来的是一种舒适健康的生活方式。一般都是坐落在群山怀抱、水声潺潺的峡谷、山间。所选地域要求空气含氧量充足，保持山地原生态植被。强烈的透视很好地反映了山地别墅与所在的环境地势的关系。

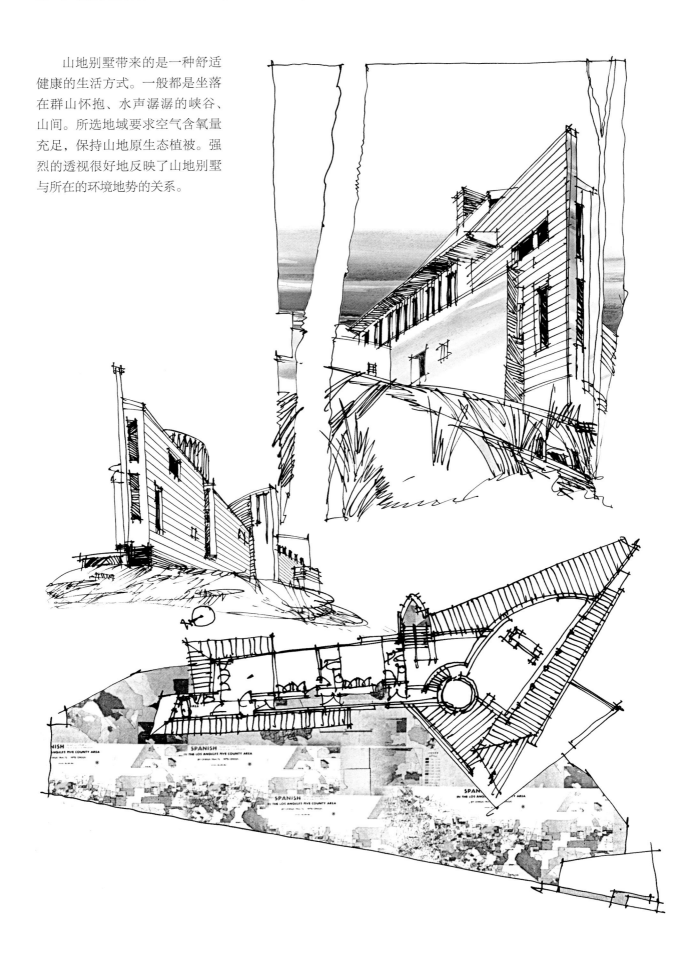

1.5 轴测图表现

　　轴测图是一种单面投影图，在一个投影面上能同时反映出物体三个坐标面的形状，形象逼真，富有立体感。虽然轴测图接近于人们的视觉习惯，但还是有一定的差别，主要是轴测图没有近大远小的规律，也没有透视消失点的概念。因此，在建筑制图上常把轴测图作为辅助图样，来说明建筑造型的结构、安装、使用等情况，在设计中，用轴测图帮助构思、想象物体的形状，以弥补正投影图的不足，仍然是容易操作、直观形象的表达方式。

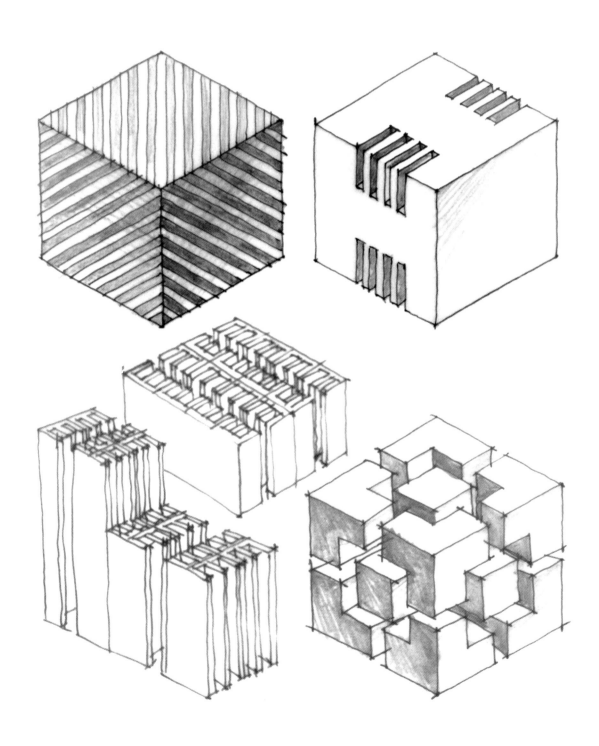

　　很多复杂的建筑物都是通过基本几何形体组合穿插等手法创造出来的，能够从各个角度通过用笔来表现这些复杂建筑场景是设计中的理想境界。达到这一境界需要一种综合能力，即是一个眼、手、脑并用的形象化思维过程。它对基本功的要求是较高的。一是要快，尽可能做到心到笔到；二是要准，即是对空间、结构、构造以及尺度关系要有大体正确的表达；三是要美，表现在绘图语言的清晰、流畅、朴实而富有创造性。通过对较为复杂形体的写生和描绘，可以加深我们对形体内在结构和关系的理解，在描绘的过程中可以加深我们对物体的形体与比例、结构与空间的分析与比较，从而达到对形体二维空间到三维空间的过渡，增强我们的空间判断力，加深我们对于形体的理解和记忆。

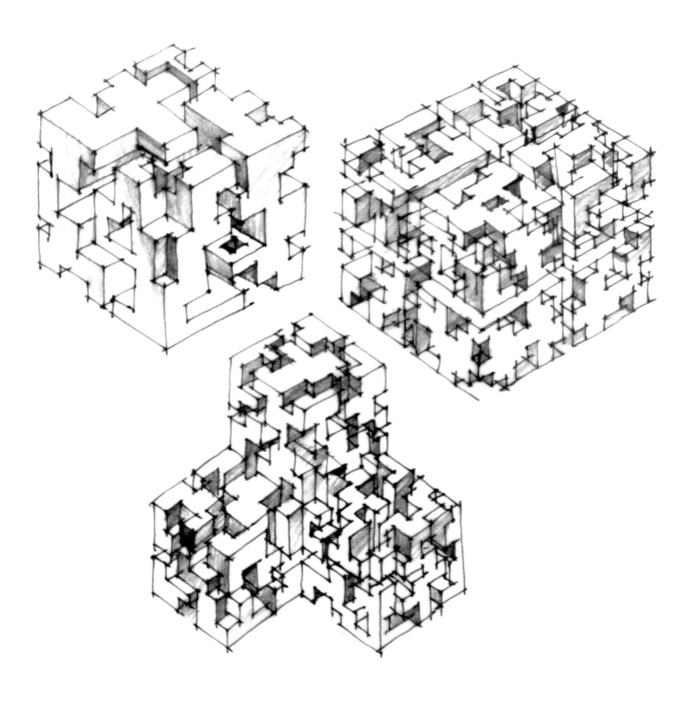

　　轴测图是建筑师在构思设计和表现时常用的手段，轴测图可以提高对建筑形式和空间的想象力和表达能力。在形体练习中，方形是我们在绘制中常见的形象，如系列建筑、方桌、窗与门、方柱等。我们在圆形练习过程中，各种不同透视角度的方形都可以看成是其外切正方形的透视，通过在透视的正方形里进行内切割来确定复杂的透视。需注意形体是以模板的形式呈现出来的，我们在实际形体创作中，要尽量用徒手画，用眼睛观察，这样才能让我们更加灵活地实现对形体的表现。

通过轴测图来表现组团式建筑能够
立体感觉各个单独的个体建筑与群体建
筑之间的关系。主次关系、空间关系、
环境关系与造型差异等都一目了然。

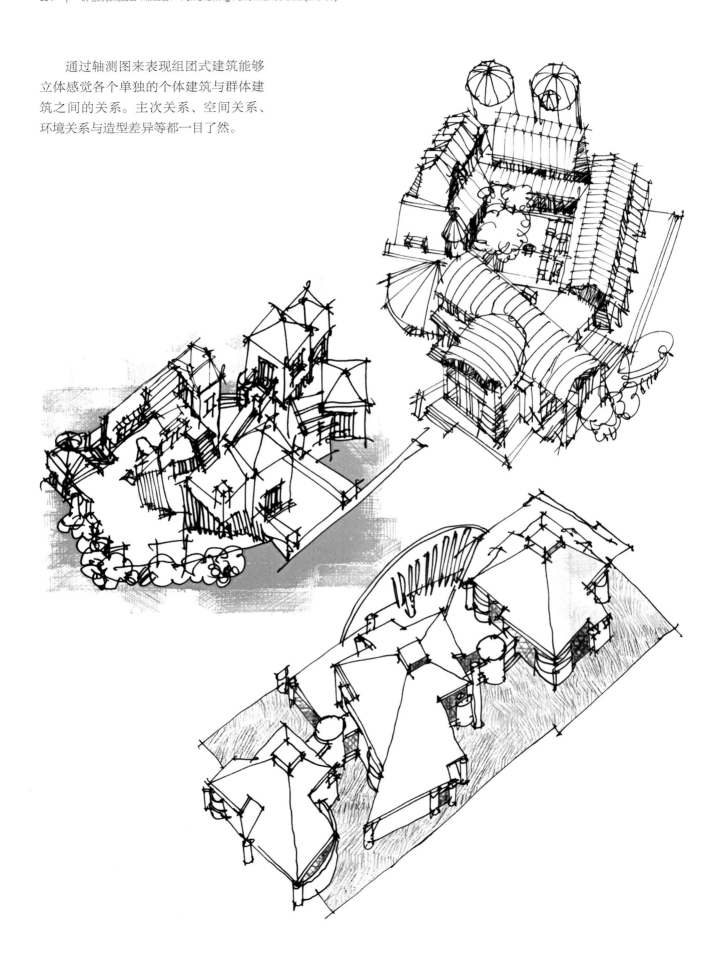

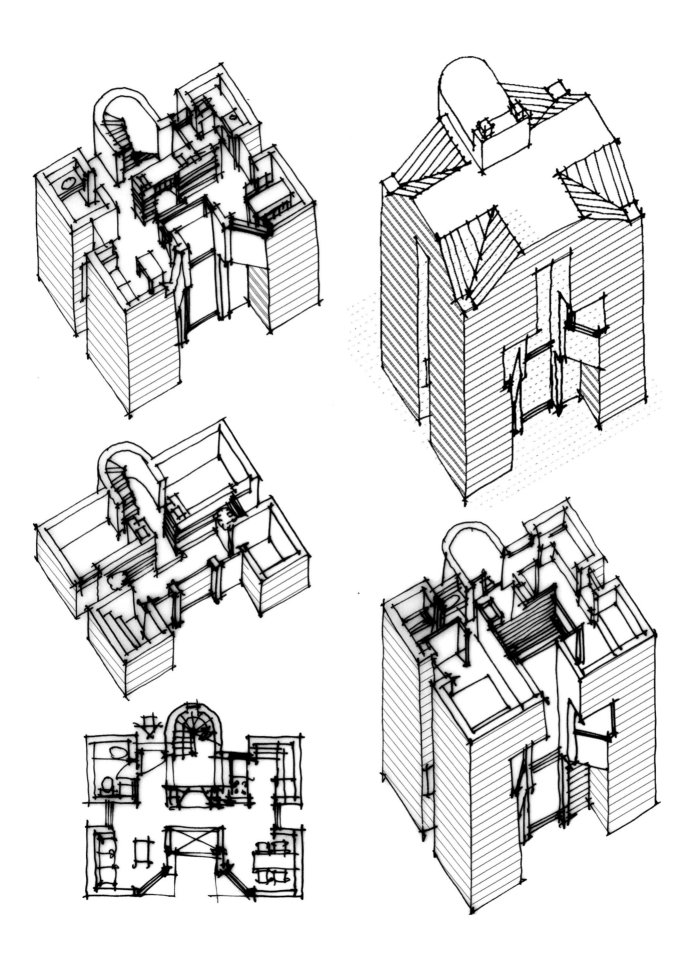

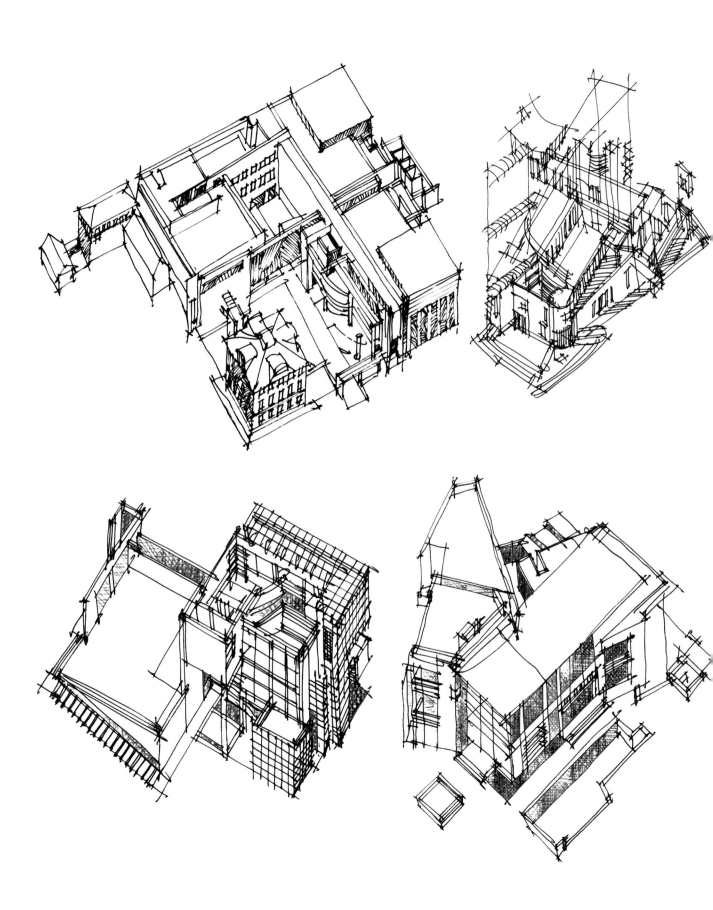

第2章　立体形态构成训练

形是平面的概念，体是占有空间的立体概念，方和圆是组成万物的基本形态。另外，如方锥体、圆锥体、多面柱体、圆柱体，都是在方和圆的基本形体中演变而得，因此说万物离不开方和圆。几何形体都由各自的高度、宽度和深度所组成，又称为三度空间，这是物体的最基本特征。

形态指某一特定形式的独特造型或表面轮廓。在艺术和设计中，我们常用这个词来表示一件作品的外形结构，即排列和协调某一整体中的各要素或各组成部分的手法，其目的在于形成一个条理分明的形象。

在本章的脉络中，形态的含义是为将内部结构与外部轮廓以及整体结合在一起的原则，通常是指三维的体量或容积的意思。而形状则更加明确地指控制其外观的基本面貌，即布局或线条的相关排列方式以及勾画一个图像或形式的轮廓。

2.1　体形的增加与削减

1.增加式的变化
一种形式可以通过在其容积上增加要素的方法取得变化。增加过程的性质、添加要素的数量和相对规模决定了原来形态的特性是被改变了还是被留下来。

2.削减式变化
一种形态可以通过削减其部分容积的方法来进行变化。根据不同的削减程度，形态可以保持其最初的特性，或者变成另一种类的形态。如下页上图，一个形体即使有一部分不完整，仍然能保持其特性。

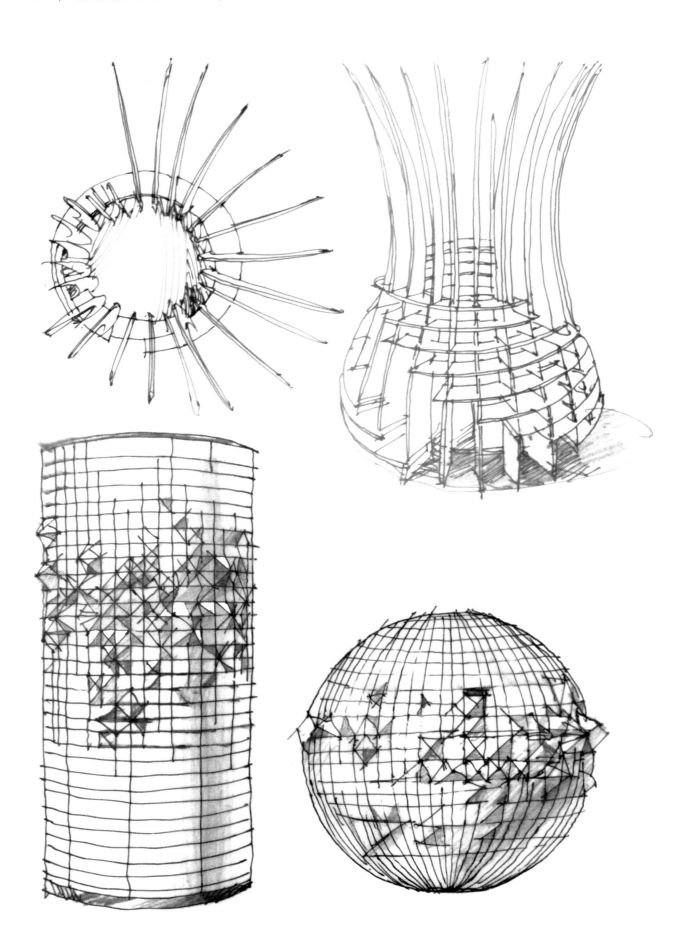

控制基本形空间形体是在立方体的基础上进行增加或削减，形体要素发生了一些变化，但原形态的轮廓依然可见，在这个过程中要注意大小的对比关系，一般来说，变化的部分所占有的应该是整体的一小部分。

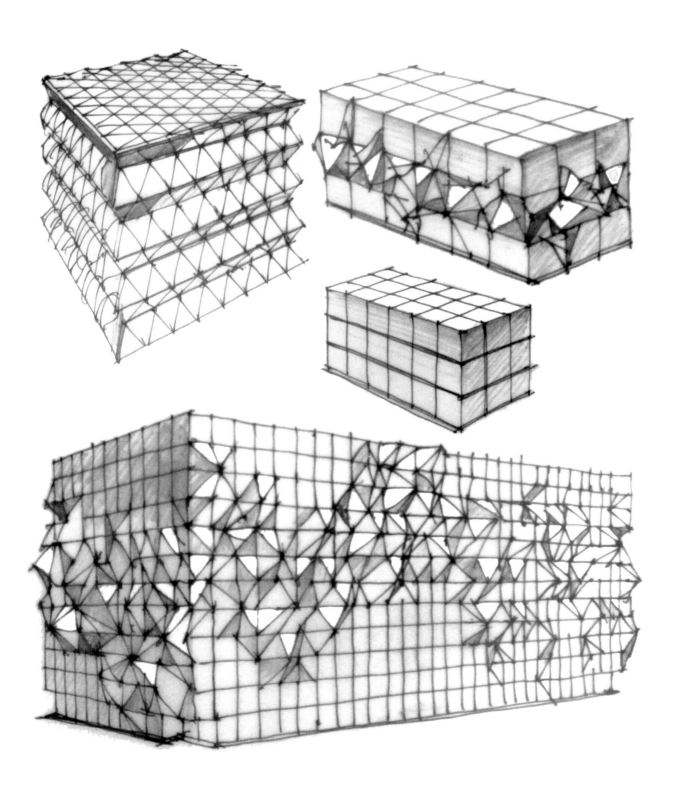

　　无论用增加还是削减的形式来丰富形体，增加或消减的要素可以来自主体要素的一部分或者是由主体变异的形体，其特征是相互关联相互渗透的关系。

　　本页图所示的三角形空间形体是在立方体的基础上进行削减，形体要素发生了一些变化，但原形态三角形的轮廓依然可见。

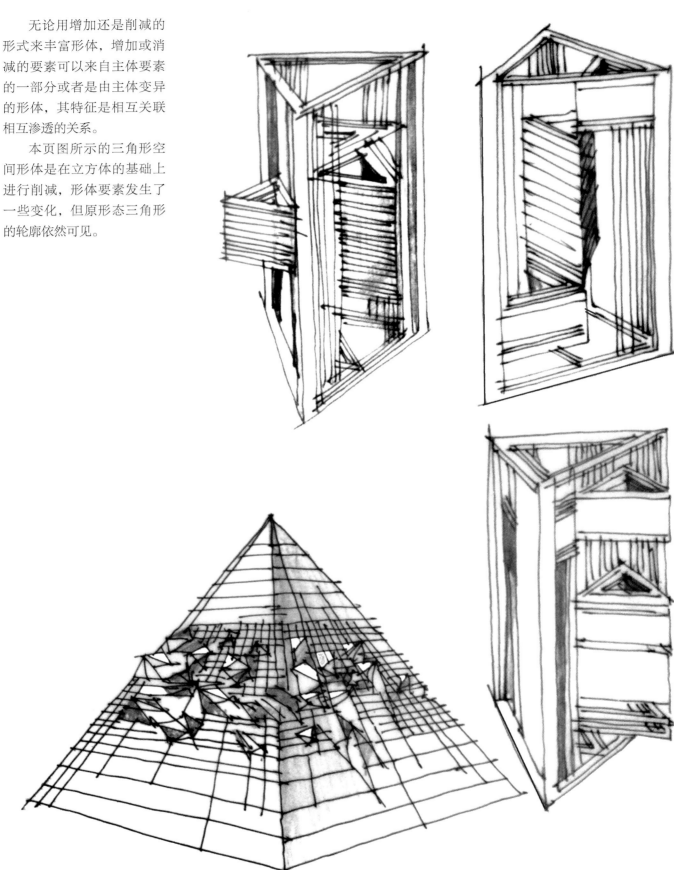

2.2 穿插与度量组合

穿插式的组合空间关系来自两个空间区域的重叠，并且出现了一个共享的空间区域。当两个空间的容积以这种方式穿插时，每个容积仍保持着它作为一个空间的可识别性和界限。但是对于两个穿插空间的最后造型，则需要做一些关联性的处理。

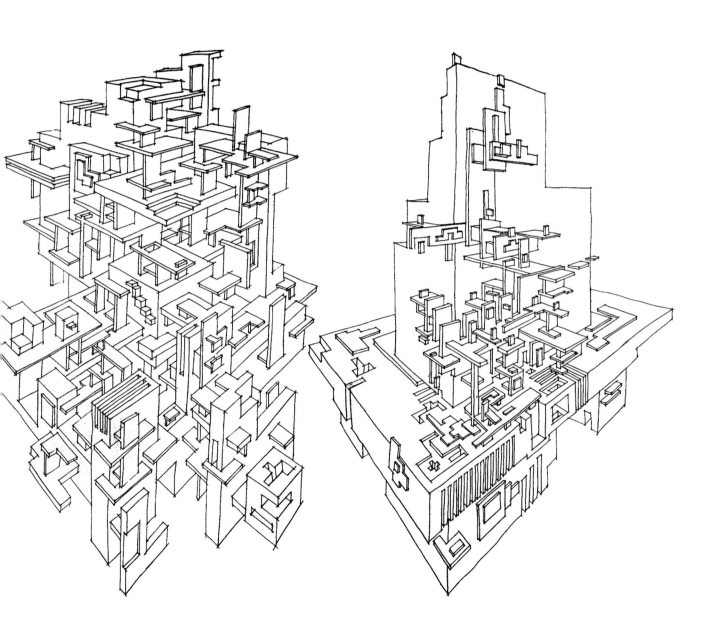

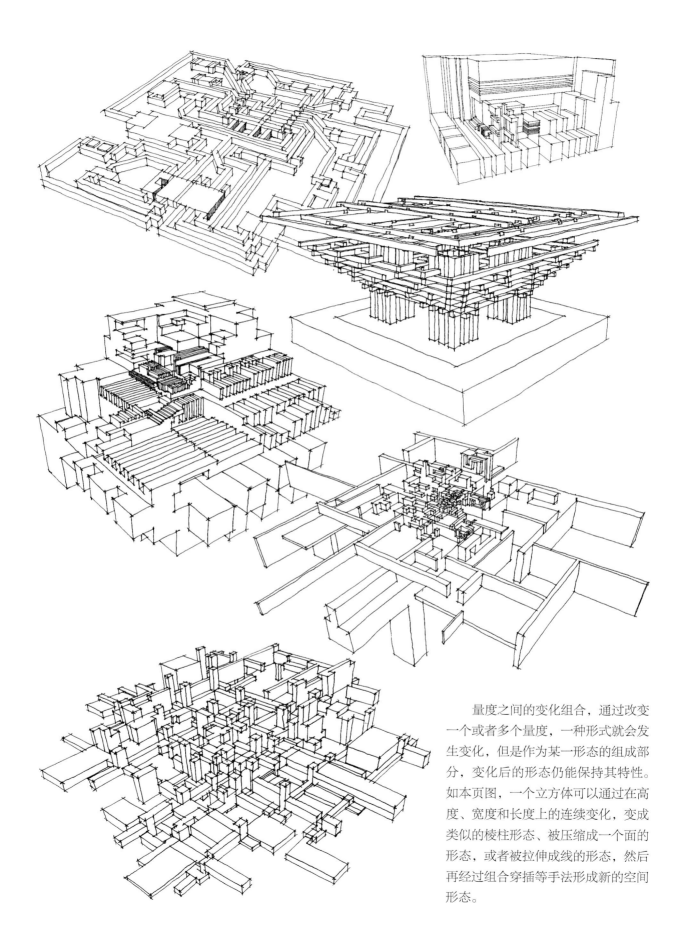

量度之间的变化组合，通过改变一个或者多个量度，一种形式就会发生变化，但是作为某一形态的组成部分，变化后的形态仍能保持其特性。如本页图，一个立方体可以通过在高度、宽度和长度上的连续变化，变成类似的棱柱形态、被压缩成一个面的形态，或者被拉伸成线的形态，然后再经过组合穿插等手法形成新的空间形态。

2.3　边与转角组合

　　转角限定了两个面的相交，如果两个面直接接触，而且转角处不加以修饰，那么转角部位所呈现的形式，取决于邻接表面所做的视觉处理，这种转角状态强调的是形体的体量。如下图在转角处开洞，使面的表达比体量的表达更为突出。

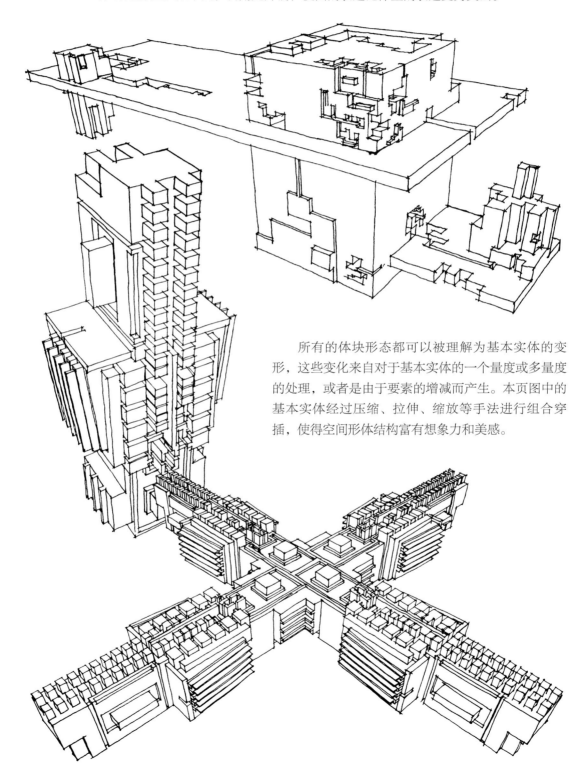

　　所有的体块形态都可以被理解为基本实体的变形，这些变化来自对于基本实体的一个量度或多量度的处理，或者是由于要素的增减而产生。本页图中的基本实体经过压缩、拉伸、缩放等手法进行组合穿插，使得空间形体结构富有想象力和美感。

　　大量组团式通常保持着每种单元的独立性，并且在有序的环境中，保持着适度的多样性。几何秩序的构图通过与其他的手法结合，可以很容易地转为模数化，形成不同的空间形态，这种构图与形体的网格式组合相关。通过网格式组合将单纯的元素，变为丰富多样的形态，既有独立性又有统一性。例如下面这组图形，既有现代气息又暗含着皖南传统民居门扇窗格的影子。

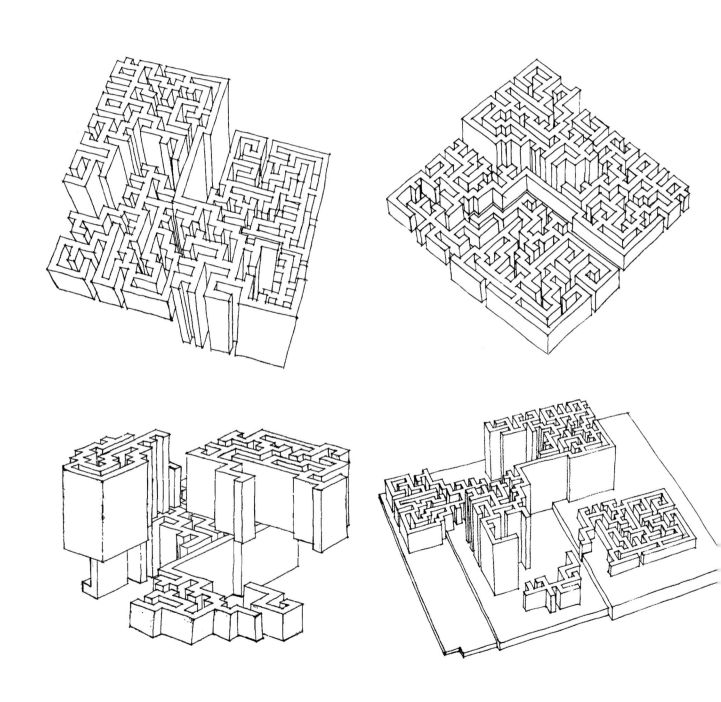

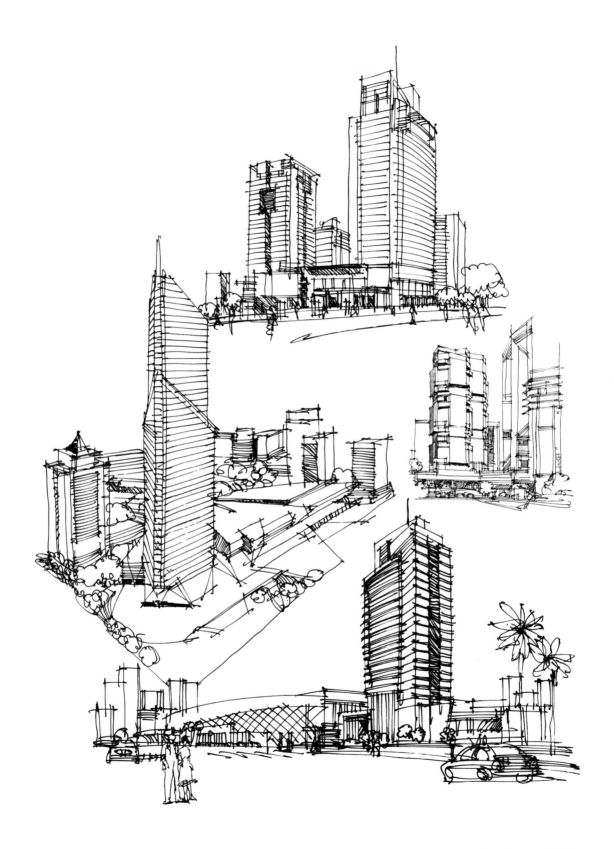

　　上图中的组团式组合构成是根据体块的尺寸、形状和功能组合而成。这些体块在视觉上排列成一个互相连贯的组合，这种组合不仅各要素彼此接近，而且在形态上具有相似性的视觉属性。

2.4　组团式与集中式组合

　　组团式组合依据规模、形状或相似性等功能要求来组织其形体，集中式组合在排列其形体时有一种强有力的几何基础，组团式虽然没有集中式的几何规则和内向性，但具有足够的灵活性，可以把各种形状、各种尺寸以及各种方向的形体结合在其结构中。根据图中组团式组合的灵活特点，在组合布置时把它作为附属物依附于一个较大的母体形式或空间上，将体量彼此贯穿联系，合并成一个单独的、具有多种面貌的空间实体。

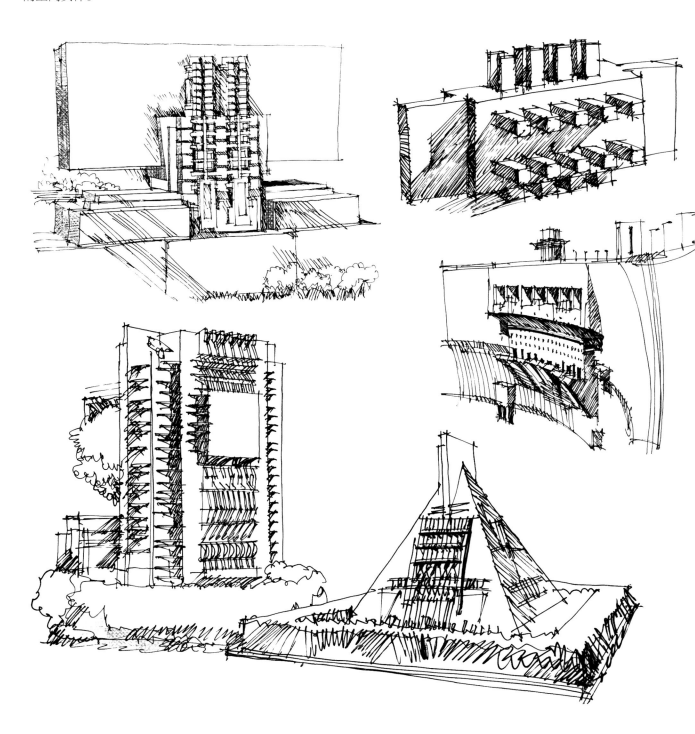

集中式组合需要一个几何形体规整、居于中心位置的形态作为视觉主导，比如球体、圆锥体或圆柱体。因为这些形体具有内在的向心性，所以它们享有点或圆所具有的自我向心性。

如右图中所示，作为与周边环境分离独立结构的建筑形体，建筑支配着空间中的点，占据着限定区域的中心。它能够具体地表现神圣的或令人敬畏的场所以及纪念重要的人或事件。

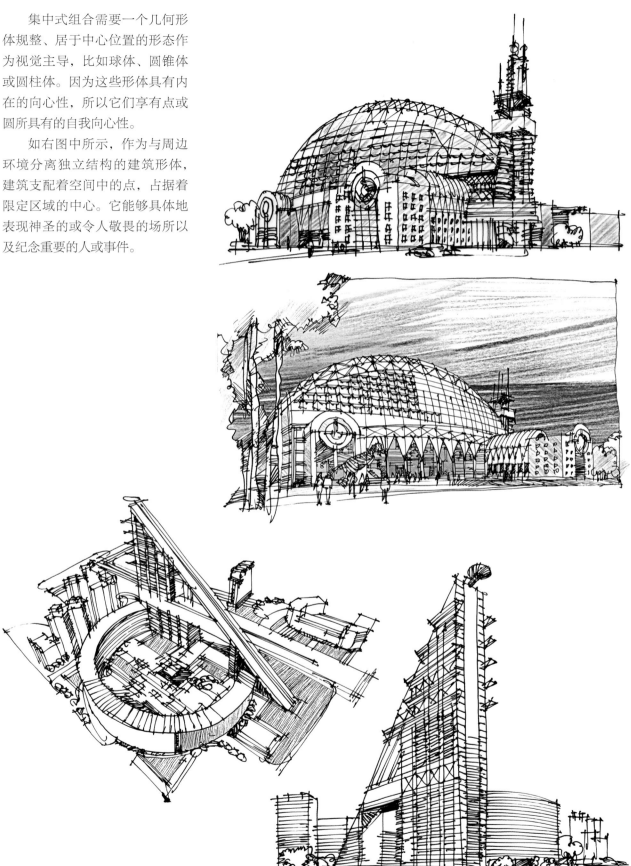

2.5   网格式组合

　　一副网格是由两组或多组等距平行线相交而成的系统，它产生的是一个几何图案，这个几何图案由间距规则的点和形状规则的区域构成，其中间距规则的点位于网格直线的相交处，而规则的形状则是由网格中的直线所限定的。立方形的网格向第三维方向伸展，产生了具有点和线的空间网格，形成模数化的空间网架和有层次的实体，进而将形体和空间从视觉上组织起来。

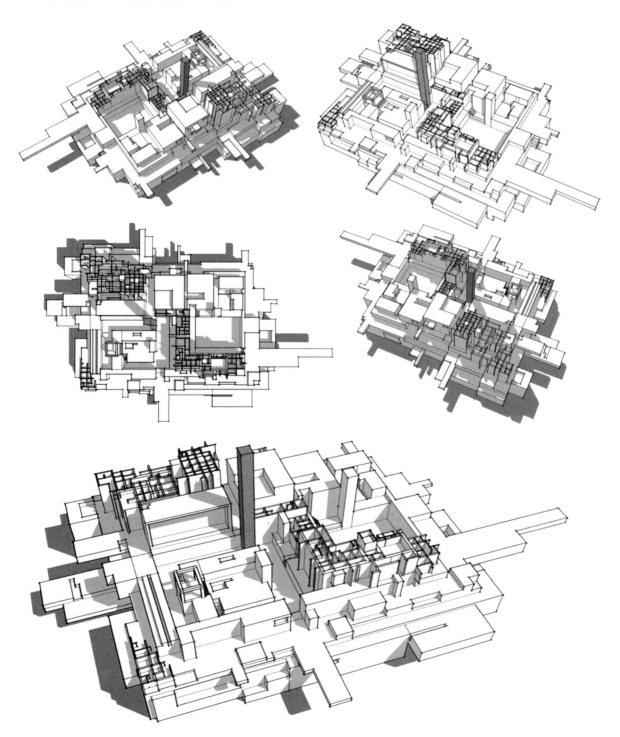

　　一条平面曲线沿着一条直线或另外一条平面曲线滑动就产生了平移平面。本页图中的建筑弧形的屋顶以及曲线形的建筑都是平面曲线在空间中移动产生的面，这些面之间通过实体线条的交叉组合形成有动感韵律的形体。

　　玻璃幕墙是最常见的网格，它是以几何方形为基础的，因为它的几个度量相等，两个方向对称。用这些网格来细分一个玻璃幕墙表面的尺度，使该表面具有均匀的质感，并通过重复、布满几何形状使这些幕墙表面得到统一。

第3章 钢笔画平立面表现

　　建筑师在进行设计的构思时首先进行的是建筑设计图的表达，即平面图、立面图、剖面图和轴测图的方案构思，建筑设计图基本确定后才进行建筑透视图的表现。建筑透视表现图存在着一定的局限性，它只是在某个特定的视角表现建筑物和环境的特定效果，而并不能全面地反映出建筑与环境之间、建筑物的内外部之间以及建筑物的局部与整体之间等的关系，而这些关系只有通过建筑设计图来表现。因此我们也要重视和强调对建筑设计图的表现。良好的钢笔画表现不仅能够使设计构思更为直观易读，其中富有魅力的表现力更是使观者过目难忘。

　　在钢笔画的表现过程中，我们首先要注意的是画面的比例尺度问题，比例尺度越大则应该画得越细致深入，比例尺度越小则可以画得较为简略。其次是画面的图底关系和突出主体的问题，解决的办法是通过线条的粗细分级和色彩的相互衬托来形成对比和层次。同时，通过表现光影效果、凹凸关系、材料的色彩与质感等手段可以把原本二维平面的设计图表现得具有三维立体的效果。

3.1 平面图表现

　　建筑平面图特别是首层平面图在整个表现图中占有十分重要的地位。首层平面图一般连同建筑外部环境，如绿化、道路、铺地、庭园等等一起画出并重点突出表现，以免使建筑孤立。在平面图中通常是把主要的建筑主体和建筑各个房间及家具陈设表示出来。画面中家具陈设的表现要注意比例尺度关系：一是家具陈设在建筑物各平面图内的比例大小要与平面的尺度匹配；二是各平面图中各个空间内的家具的比例尺度匹配。

　　以单线条表现的建筑总平面图是我们在进行建筑设计方案构思时的主要手法。我们在方案构思时，一般用铅笔在透明纸上徒手勾画，待方案构思成熟之后，再用勾线笔加以确定。同时也根据表现内容的需要，在透明纸上用彩色铅笔或马克笔进行简单着色来加以区分和强调。

不同建筑风格的作品，在平面中会呈现出风格迥异的几何图形。

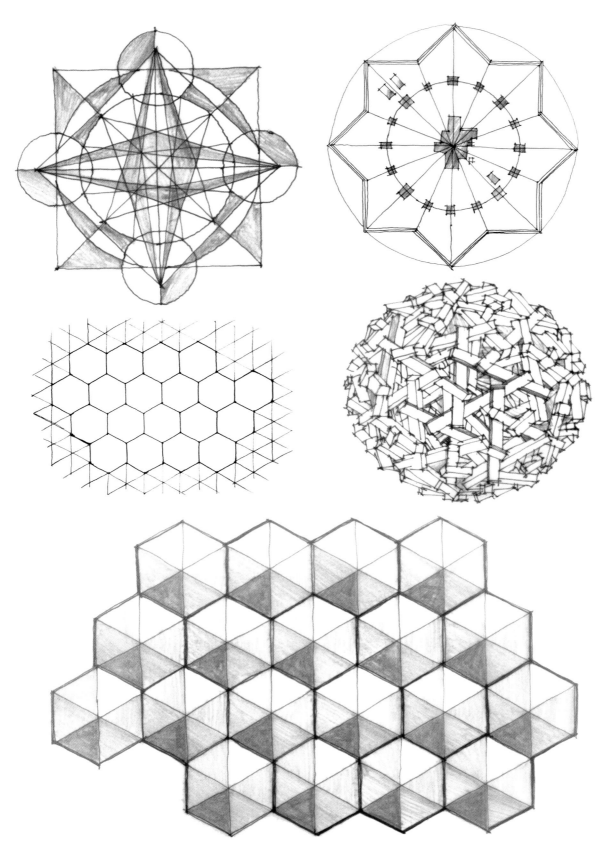

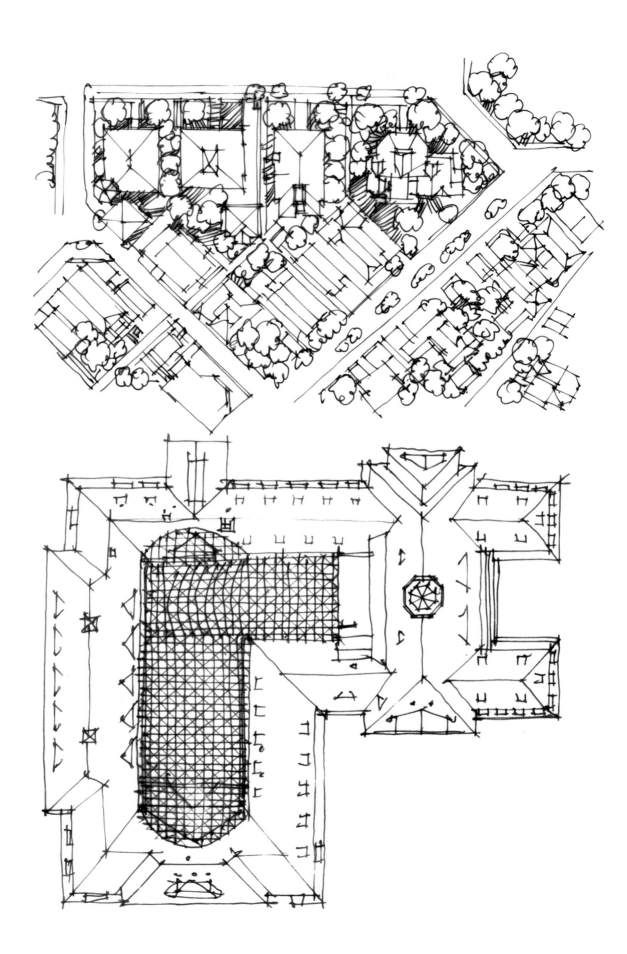

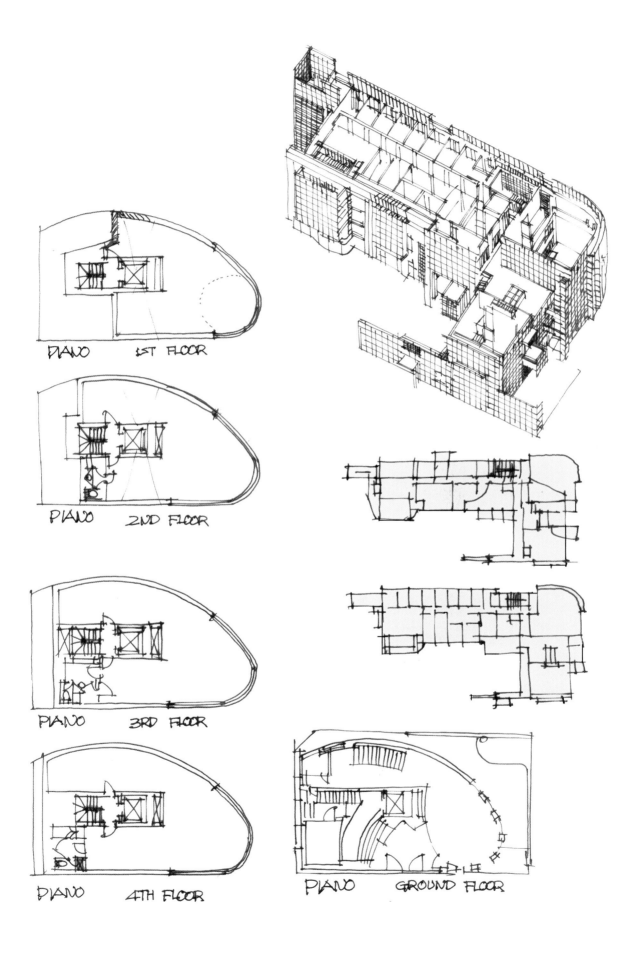

PIANO   1ST FLOOR

PIANO   2ND FLOOR

PIANO   3RD FLOOR

PIANO   4TH FLOOR

PIANO   GROUND FLOOR

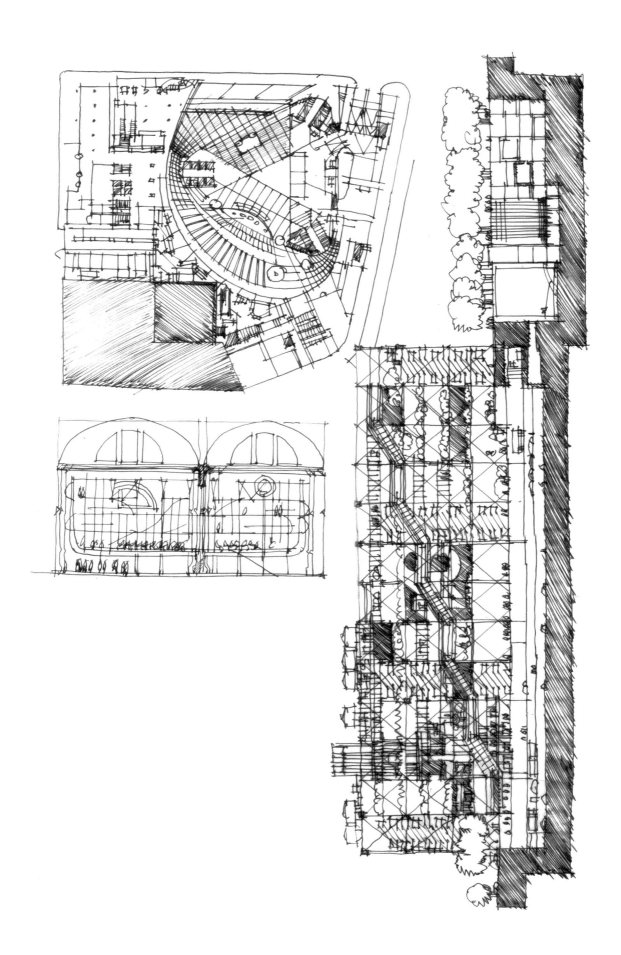

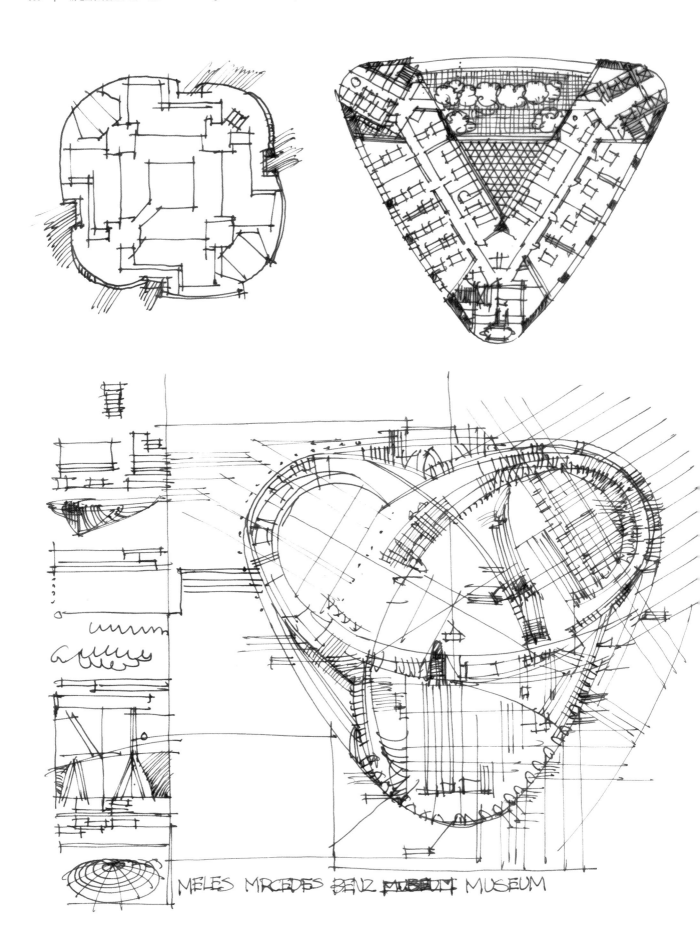

MELES MRCEDES BENZ MUSEUM MUSEUM

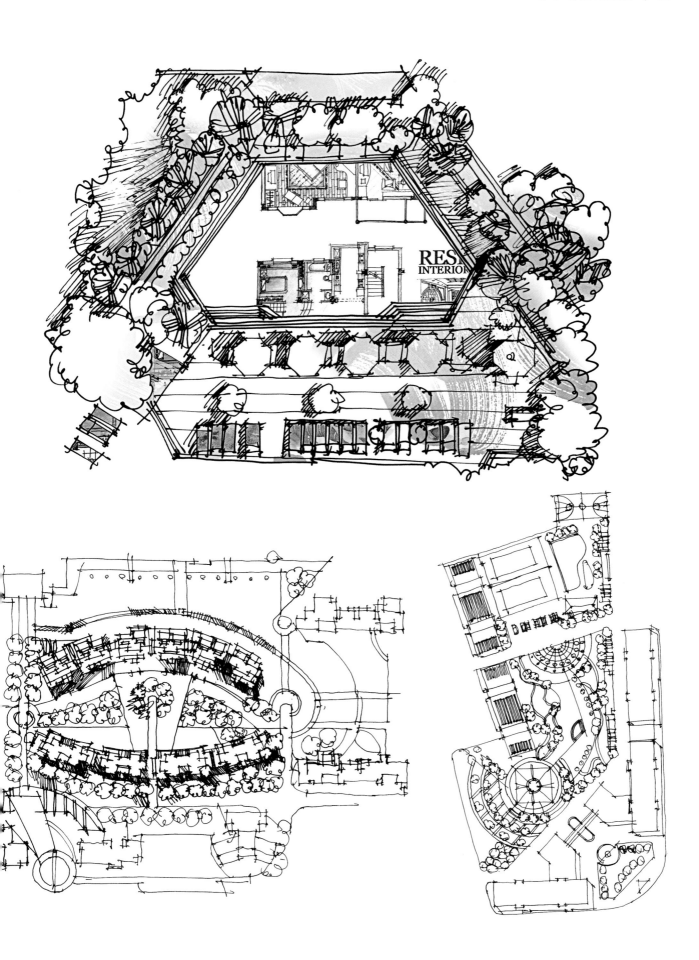

　　在总平面图中给建筑物略加明暗，便可以使建筑物在明暗上区别于道路铺装和绿化景观。常常也根据阴影透视原理大致画出建筑物和树木等主要物体的投影和阴影，这样可以使画面拉开层次且富有立体感。对于一些重要的公共空间，如厅堂、走道、浴厕等，都应根据其功能特点分别选择合适的铺面材料在平面图中予以表现，在表现的过程中也应注意这里是平面关系，用线应尽量地细，不要影响画面整体的立体感。

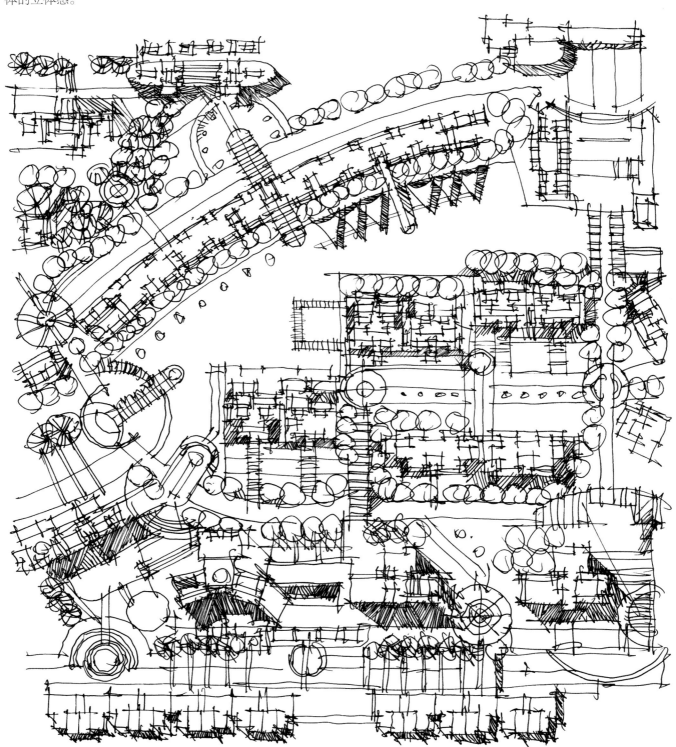

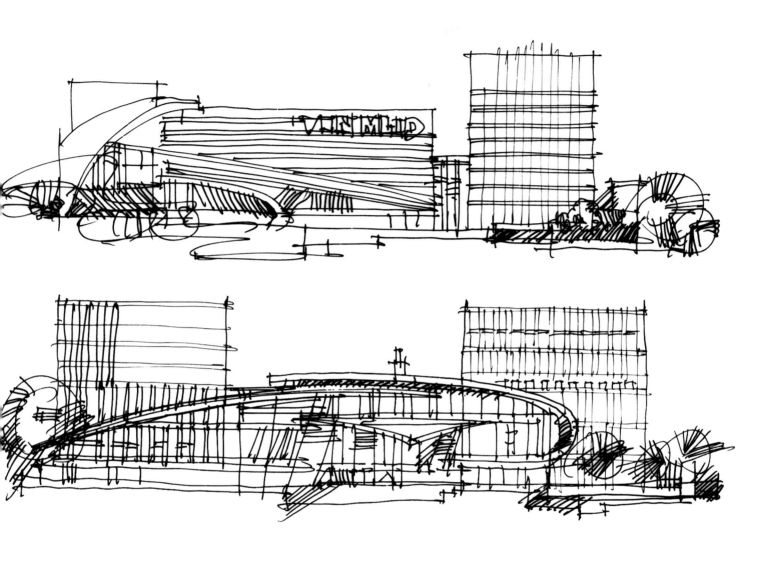

3.2 立面图表现

    立面图反映建筑的外轮廓线、体量块面组合、细部处理以及建筑整体与各部分之间的比例尺度关系。只有立面图的表现充分完全，建筑透视表现图才可以更加富有表现效果。

    在立面图中略加色彩和明暗关系，材质的色彩与质感、建筑的光影效果和立面的凹凸虚实关系就会以一种崭新的效果出现。后现代主义建筑中大量的曲面，如果用传统的立面图来表现就显得单调而不够充分，在立面图基础上适当加以明暗变化就能很好地表现建筑物的曲面结构变化。

    线条的疏密程度，决定了物体的黑白灰层次效果。如下页图，建筑立面图的表现上，运用较密的线条表现阴影暗部，使其更加富有立体感和层次感。

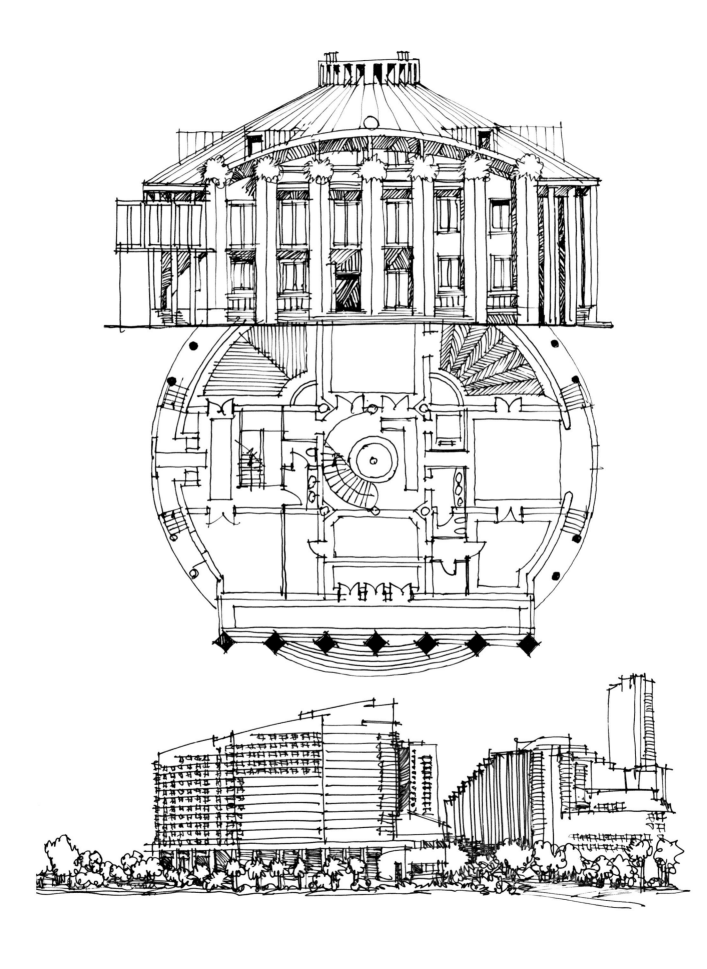

西方古典建筑有其历史底蕴及文化内涵，伦敦圣保罗大教堂英国第一大教堂，建筑为华丽的巴洛克风格与文艺复兴风格混合作品，是世界第二大圆顶教堂，高约111m，宽约74m，纵深约157m，穹顶直径达34m。这座宏伟建筑设计优雅完美。钢笔立面表现精细而有力，略加明暗，就增强了建筑立面的立体感。

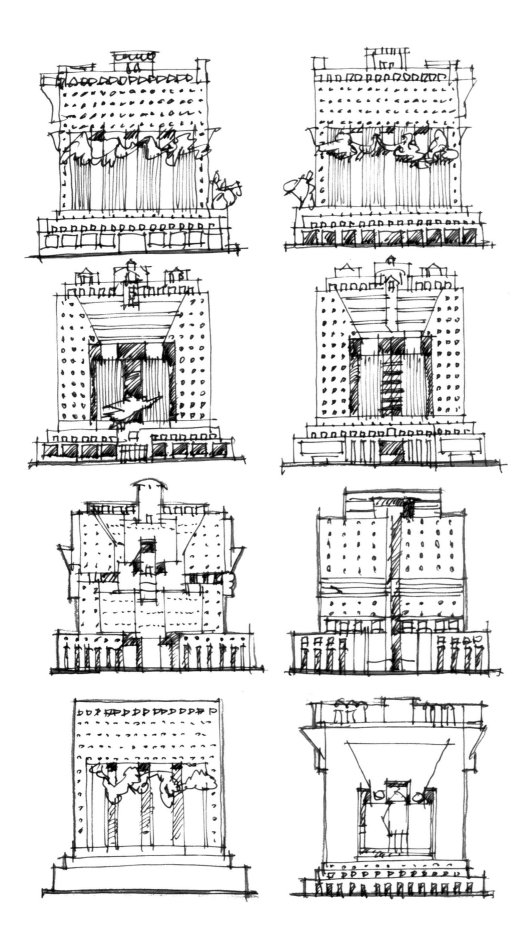

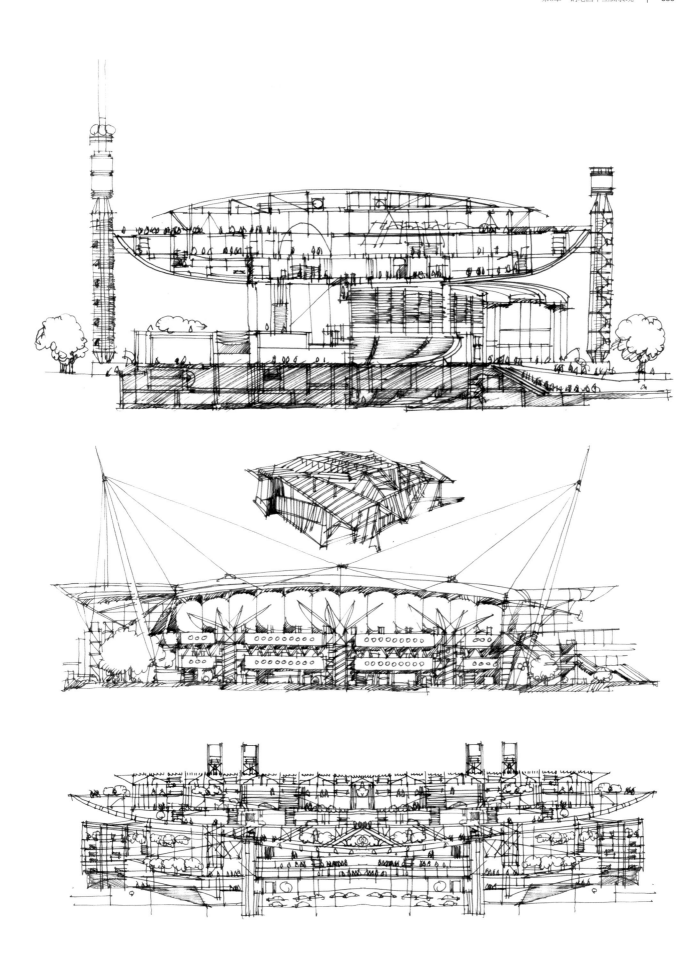

右下两幅图明显有西班牙特鲁埃尔城镇建筑风格，历史上这里曾经被阿拉伯人占领，阿拉伯画家及工匠在美学方面一直沿用了传统的伊斯帕诺－穆斯林风格。他们不仅在自己的传统领域中操练技能，同时还吸收了西方传统风格来丰富自己的技艺。这种联姻的结果诞生了一种独特的风格，这就是穆德哈尔式建筑风格。

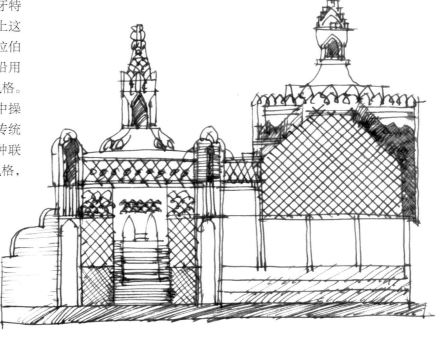

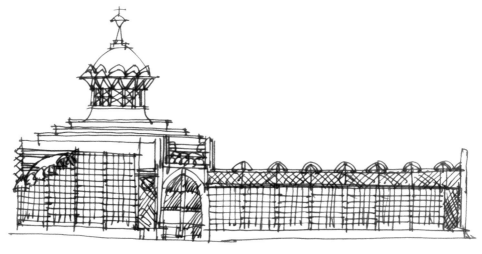

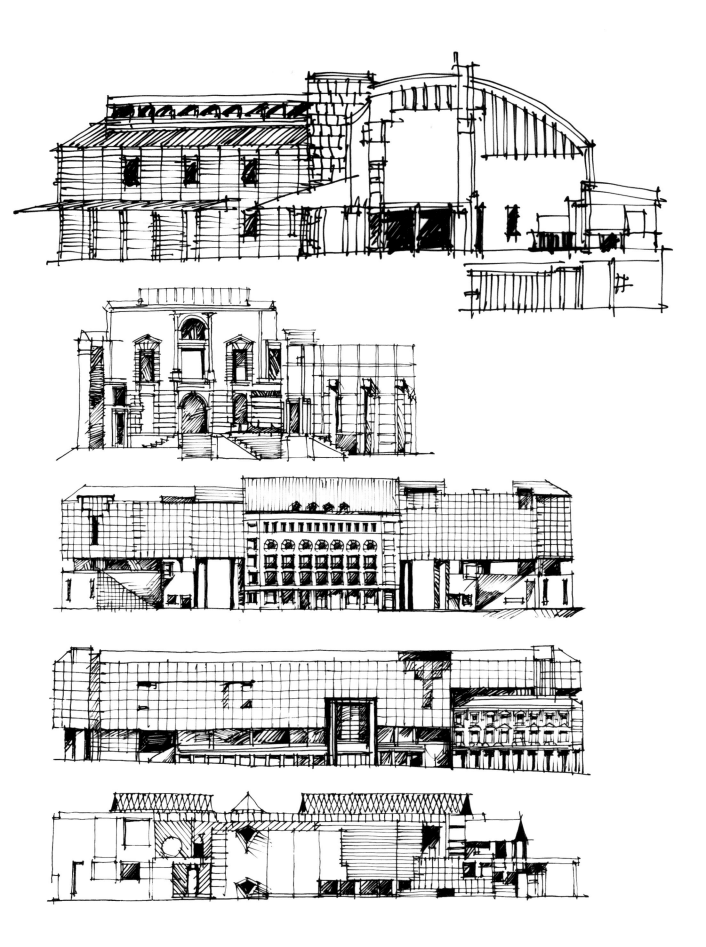

在建筑立面图中适当加一些淡彩及明暗关系会使立面立体生动而富有艺术感染力。

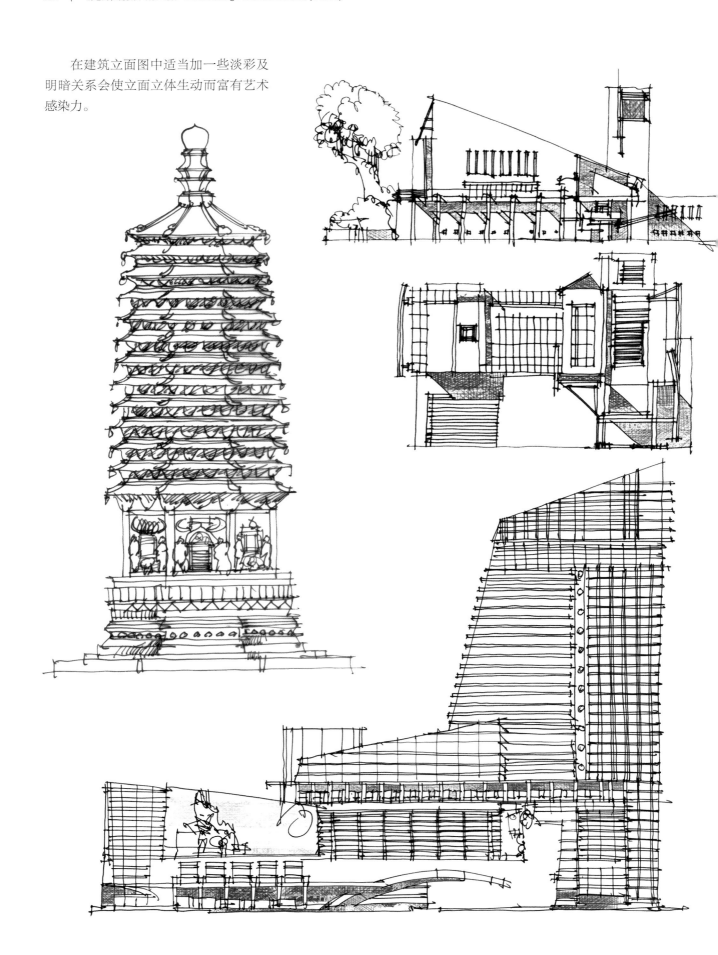

3.3 剖面图表现

剖面图反映的是建筑内部空间及其相互之间的关系，如各主要空间相互之间的分隔与联系、空间序列组织、层高变化以及内外空间相互关系等。一幅表现得充分的剖面图常常可以极好地反映出建筑内部空间序列的起伏变化和节奏感。

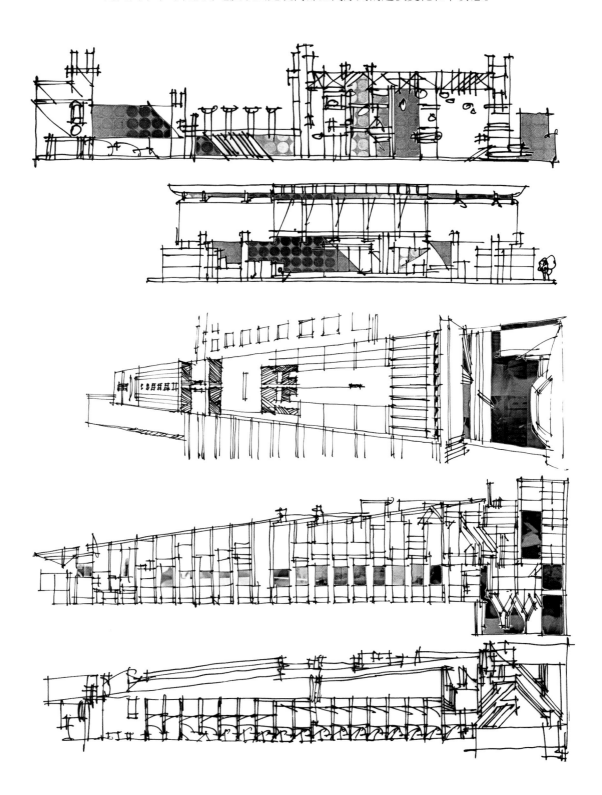

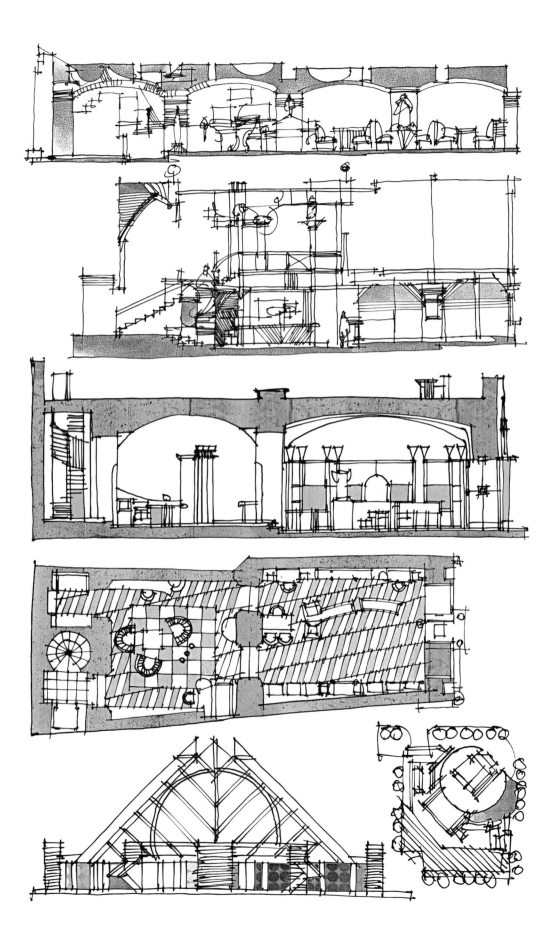

3.4 鸟瞰图表现

鸟瞰图就是以高空俯视的角度来表现城市的某个特定区域的一种表现形式，由于视点被抬高，视线阻隔削弱，因此能看到建筑或区域周围的景观。无论是表现建筑与环境之间关系、规划设计中的整体布局与景观节点、居住区各单体建筑与中心活动区域的关系，还是表现商业中心、道路系统等，鸟瞰图都有更直观的呈现，能够通过立体空间的表现来展示设计思想。

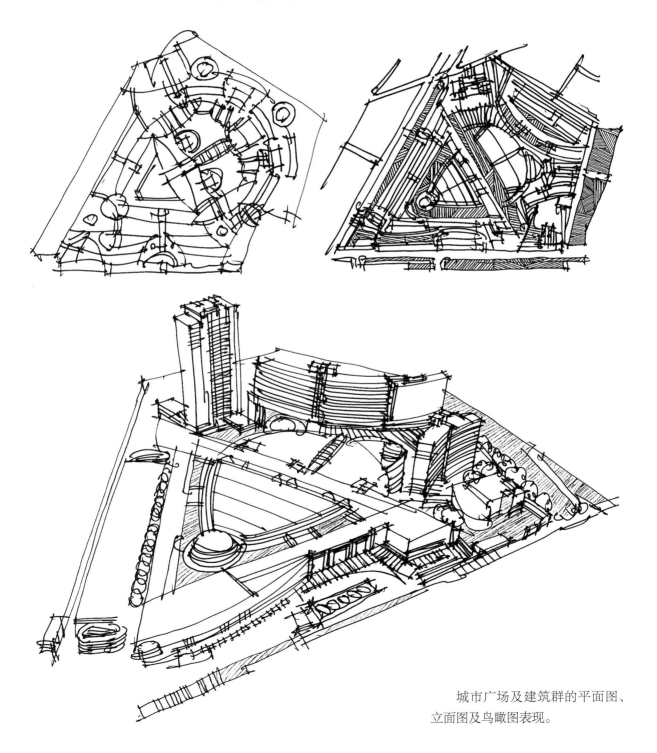

城市广场及建筑群的平面图、立面图及鸟瞰图表现。

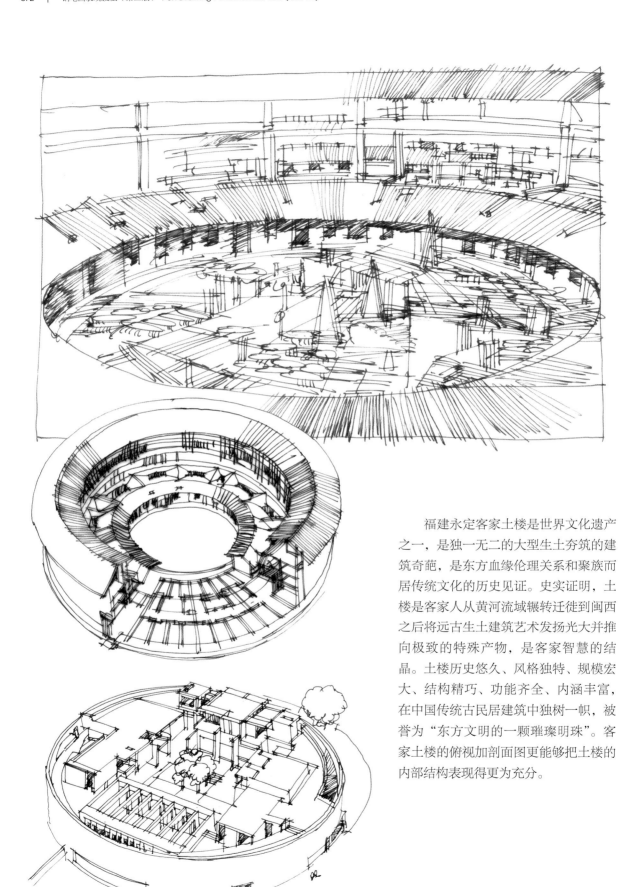

　　福建永定客家土楼是世界文化遗产之一，是独一无二的大型生土夯筑的建筑奇葩，是东方血缘伦理关系和聚族而居传统文化的历史见证。史实证明，土楼是客家人从黄河流域辗转迁徙到闽西之后将远古生土建筑艺术发扬光大并推向极致的特殊产物，是客家智慧的结晶。土楼历史悠久、风格独特、规模宏大、结构精巧、功能齐全、内涵丰富，在中国传统古民居建筑中独树一帜，被誉为"东方文明的一颗璀璨明珠"。客家土楼的俯视加剖面图更能够把土楼的内部结构表现得更为充分。

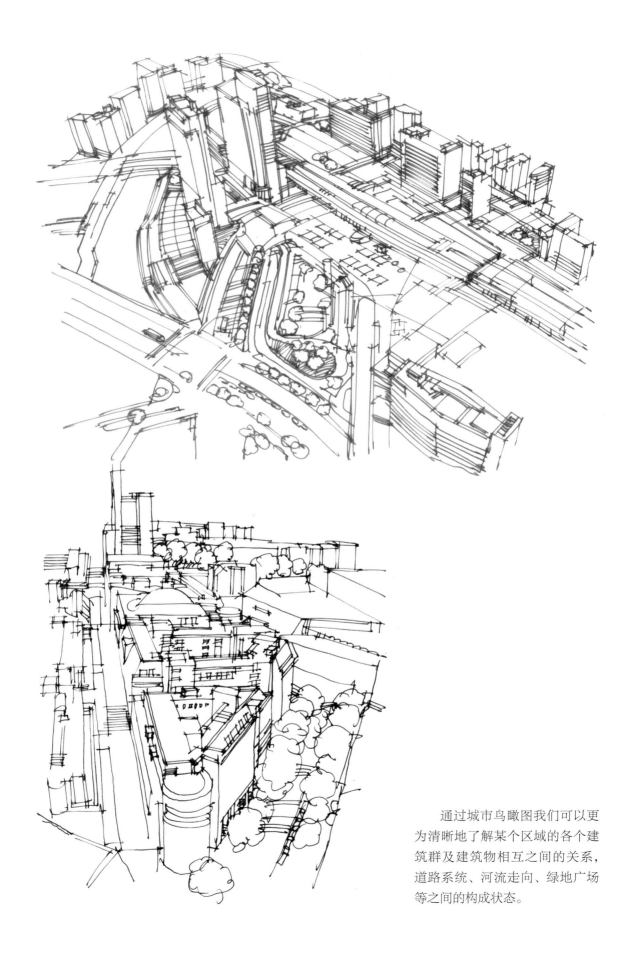

通过城市鸟瞰图我们可以更
为清晰地了解某个区域的各个建
筑群及建筑物相互之间的关系，
道路系统、河流走向、绿地广场
等之间的构成状态。

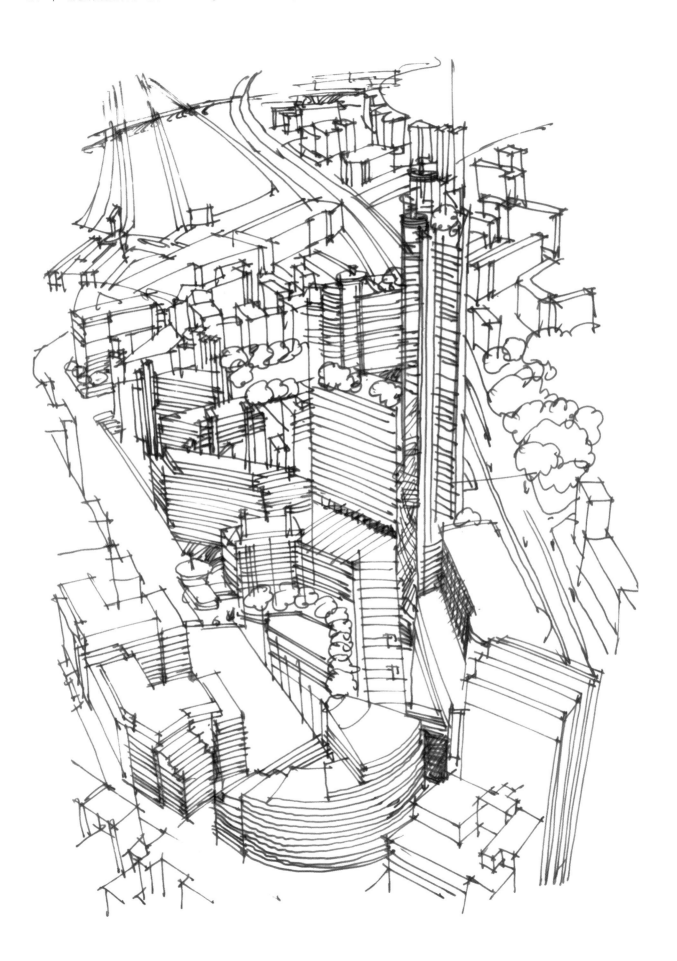

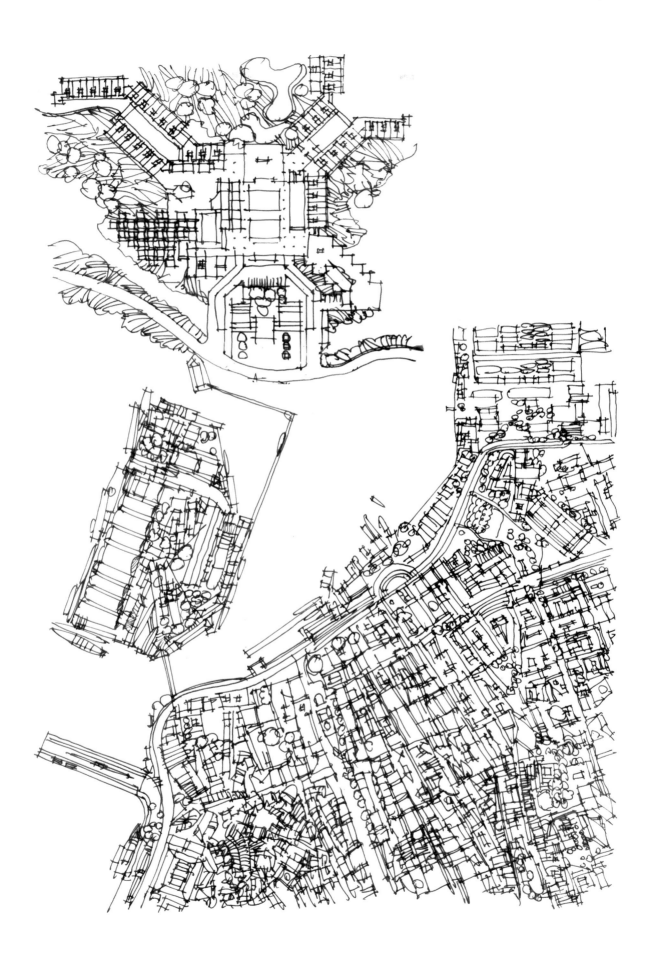

第4章　画面构图与表现步骤

在钢笔画表现中，首先要面对的就是构图与取景。构图就是"经营位置"，是指画面的组织形式，就是要把所表现的内容在画面中和谐统一地体现出来。构图的基本要求是要达到画面的完整性，也就是说要内容明确、主题性强、主次分明、整体地展示其艺术韵味。作者在选择景物时，应首先考虑能够打动自己的景物，寻找每一个题材的视觉美点，面对同一座建筑物，由于各人选择的切入点与表现方法不同，会产生相异的画面效果。要想使作品尽善尽美，就要在作画时渗入自己的主观意识与感情，这样才能主题明确、内容完整。同时，任何选景都应遵循画面完整性和独立性的原则，方可产生生动活泼的画面效果。作者运用各种造型手段，在画面上生动、鲜明地表现出物体的形态特性与空间关系，使之符合人们的视觉规律。也就是说，构图要有审美性。正如罗丹所说："美是到处都有的，对于我们的眼睛，不是缺少美，而是缺少发现。"

钢笔画表现图目前比较流行的一种快速绘画方法是用铅笔画好透视后，在透视稿的基础上，用钢笔加重线条，其勾画的线条坚实而有力，细部刻画和线脚的转折都能做到精细准确。在绘制正式的钢笔画表现图之前，可以先勾勒几张草稿，选择最佳的构图形式，再开始作画。面对要表现的对象，首先用铅笔打稿，注意各形体的透视、比例、结构与形态等组合关系，然后，再进行细部刻画。进行细部刻画时，铅笔线不宜过于细致，局部的处理要根据画面需求进行相应的调整。在这些工作完成以后，将所画内容用钢笔实线塑造起来，对于画面的焦点部分，钢笔实线的刻画可以更加有力、肯定，自然形成画面的视觉中心。

4.1　立意构思与画面构图

在创作一幅钢笔画表现图之前，首先要进行画面的立意和构思，即所谓的"立意先行""意在笔先"。作者基于对象地观察与体会而形成的感受，在此基础上去思考酝酿画面中采用何种表达方式与表达手法来组织画面等诸多问题。经过逐步深入地推敲这诸多问题，作者对所要表现的对象会在脑海中形成一个鲜明的画面，这就是画面的立意与构思过程。只有立意和构思成熟了，画的时候才能做到"胸有成竹"。

取景与构图

当我们面对现实建筑场景写生时，首先遇到的是选择景物的哪一部分，然后怎样安排构图，使画面能充分有力地体现作者的意图，产生艺术感染力，这就是选景取景与画面构图的主要内容。

构图取景是画钢笔画表现图所必须掌握的基本功。如何来选景和取景，不妨在景物中多感受一下，从不同角度观察对象，有了总的立意后再确定所要表现的内容。为了方便取景，我们可用双手的拇指和食指反向围合构成一个长方形来选景，也可以用卡纸制成"取景框"来取景。运用时注意眼睛与取景框的距离，可前后、上下、左右移动，一旦获得较满意的构图，就可以选定作画了。

一幅画是否完整统一，在很大程度上取决于画面的构图，钢笔画表现图也是这样。所谓画面构图，简单地讲就是如何组织好画面，例如一幅写生画，当我们选择好主题之后，从什么角度去看？采用竖向的构图还是横向的构图？画面的容量应当大一些还是小一些？对象在画面中应当放在什么位置上？这些都和要表现的主题有密切的联系。大自然永远不会给你一幅"完美无缺"的画面，如果毫无目的地见什么画什么，绝不能画出好作品。

4.2 视觉焦点与构图形式

每一幅钢笔画表现图都应该有自己的视觉焦点，视觉焦点是画面构图的中心，它是画面的主体建筑或是主体建筑的最精彩部分，作为观者第一眼被吸引的部分，描绘得成功与否直接影响着整个画面的效果。因此我们首先要安排视觉焦点的位置和明暗关系，然后再放置次要内容与其相协调。因此我们在确定视觉焦点后，应该认真地权衡它与环境和其他建筑物的关系，既不应过分、刻意地突显，也不应等同于其他部分。

在确立了画面的主体和视觉焦点之后，在选景和取景中会发现许多不尽如人意的地方，那就要发挥我们的主观能动作用，以景物为素材，根据主观意识与审美要求进行必要的取舍，使画面更加典型地体现此时此景的风貌。对景物进行适当的裁剪、取舍等，使画面的内容更丰富、更充实。

在钢笔画表现图中，空白是一种常用的手法。为了突出建筑主体，使主体醒目，具有视觉的冲击力，避免视觉焦点与其他物体重叠，而将主体建筑安排在单一色调的背景所形成的空白处。因为，人们对主体建筑的欣赏是需要空间的。一件精美的艺术品，如果将它置于一堆杂乱的物体之中，就很难欣赏到它的美，只有在它周围留有一定的空间，精美的艺术品才会绽放它的艺术光芒。

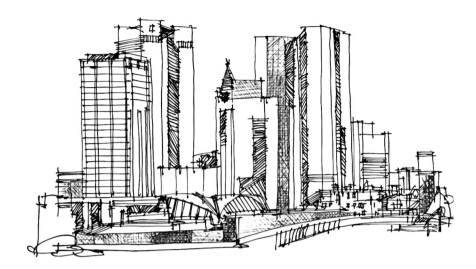

对钢笔画表现图构图形式的研究，实际上就是对形式美在钢笔画表现图中呈现方式的研究，是要研究以表现形式结构在钢笔画表现图画面上形成美的形式表现，是设计师与钢笔画家通过实践用科学的方法总结出来的经验，是适合于人们共有的视觉审美经验，符合人们所接受的形式美的法则，是审美实践的结晶。从总结出来的形式美表现形式来看是多种多样的。吸取前人的经验对钢笔画表现图的形式表现将产生积极的作用。然而，表现形式不是绝对的，它只能对钢笔画表现图的表现形式提供帮助与参考，应针对不同的具体内容采用不同的形式。

4.3　透视关系与基本轮廓

在掌握构图的基本原则基础上，面对景物写生时，首先遇到的是画面的透视关系处理的问题，同一幅画，若采用透视角度高低的不同，所取得的效果也各异。在画建筑表现图时可以先画出建筑物大的透视线，在大的比例基本无误后，然后再逐步深入画出建筑的细部造型。作画时，首先在画面合适的位置画一条水平线（视平线），再画一条垂直线，两线交叉点为视点，如果是一点透视的话，这一点就是消失点。然后布局画面构图，采用目测法画出大的透视线，再依据透视线画出建筑物的大体轮廓，在检查大的比例关系基本准确后逐步画出建筑物的各细部造型。

视点选择

同一座建筑物采用不同的视点会对画面产生截然不同的效果，我们在取景时只要稍微移动一下站立的位置，就会发现主体建筑与其他景物之间的透视关系会随之改变。因此，绘画前我们最好先在建筑四周走走，认真观察一下建筑的外形特征，寻找合适的视点，然后再精心构图，把能起到突出建筑主体、增加画面空间感的前景和背景组织在画面之中，把与表现主题无关的景物排除在外。一般来讲，表现历史建筑时，采用正面视点表现能够体现其庄重、严谨，而表现后现代主义的建筑时，如果采用前侧面视点做成角透视，则会收到比较好的效果。

绘制建筑表现图分为以下几个步骤：

（1）首先选好角度确定所表达的重点，确定构图。

（2）注意视平线的位置，把握整体的透视关系。

（3）注重细部刻画，调整好整体与局部的关系。

（4）重点部位略加明暗，形成画面的视觉焦点。

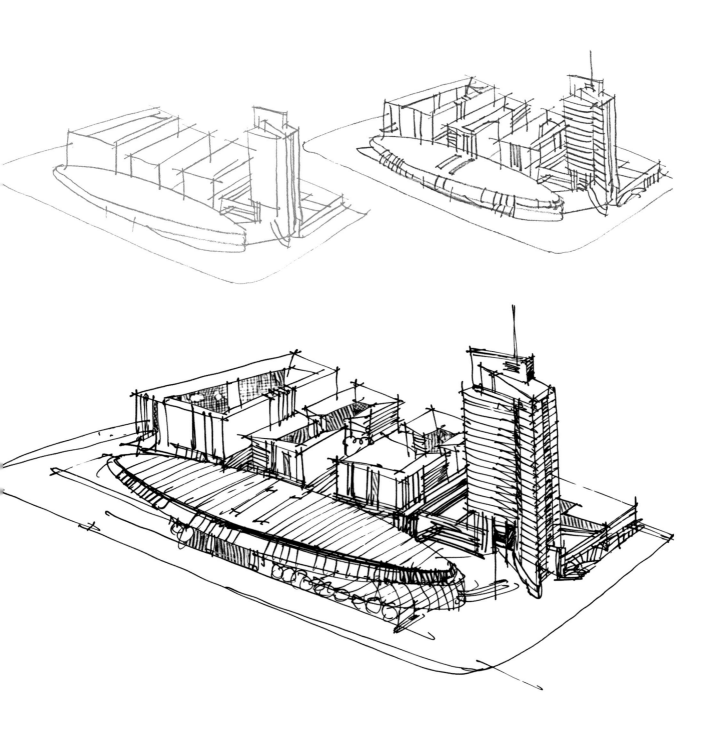

在造型过程中用线去体现形体的转折处便形成了轮廓线。根据形体转折内外的部位，轮廓线可分为外轮廓线和内轮廓线。外轮廓线是指我们在观察物体时，由于透视的原因使物体的外缘在视觉上缩减而成为界定物体形体范围的那条边缘线，类似于剪影的效果，因此通常采用正负形的观察方法来观察转折点的起止、长短及角度的大小。城市局部空间形态是在对各造型体态简化概括后勾勒出城市的天际线与自然轮廓线。在建筑设计活动中，强调适当的轮廓线就是这个道理。

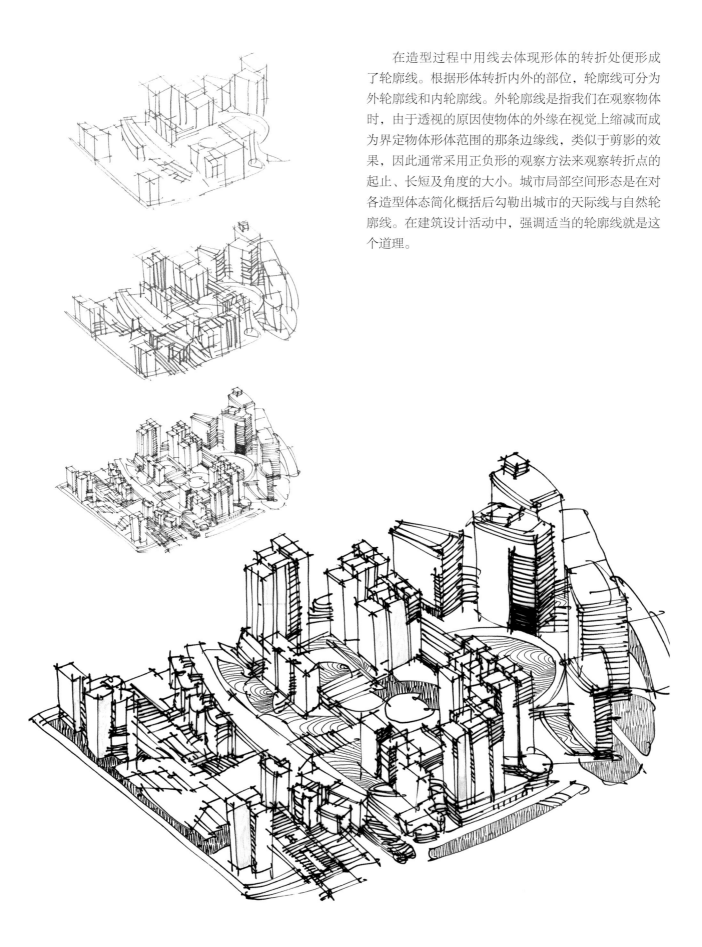

　　以三点透视画的建筑透视表现图，不仅画面生动，而且透视表现直观、自然，接近人的实际感觉。三点透视绘制的建筑透视表现图的角度选择要恰当，向上的透视不能太锐利，否则容易使建筑产生变形。

高视点绘画有利于清楚地表现地面上由近至远的层层建筑群体和景观环境，可以表现大场景的纵深感，真可谓一览无余。在表现高层建筑时，采用低视点能够表现出建筑的高耸、宏伟。如果把视点安排在高层建筑的中间位置而表现出的画面则往往不够理想。同时，视点的高低对于作画的难度也有所不同，一般来说，视点高的难度要大些，这是因为地面上要反映的东西要多一些，配景也要多一些。如果视点低一些，按照正常人站立的视点来作画要简单得多，只要画好前景，后面的景物及配景就迎刃而解了。

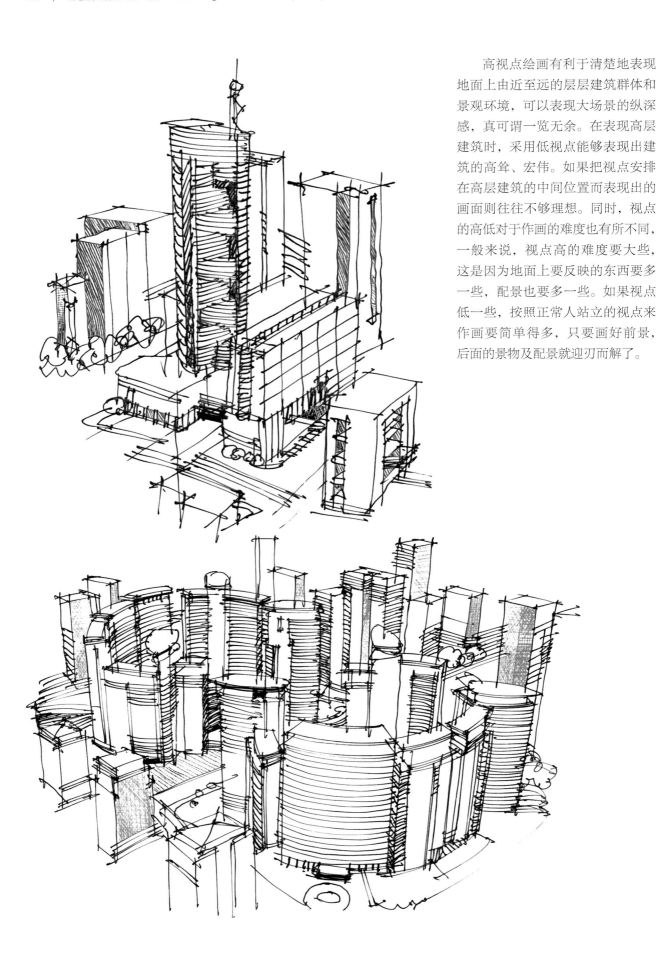

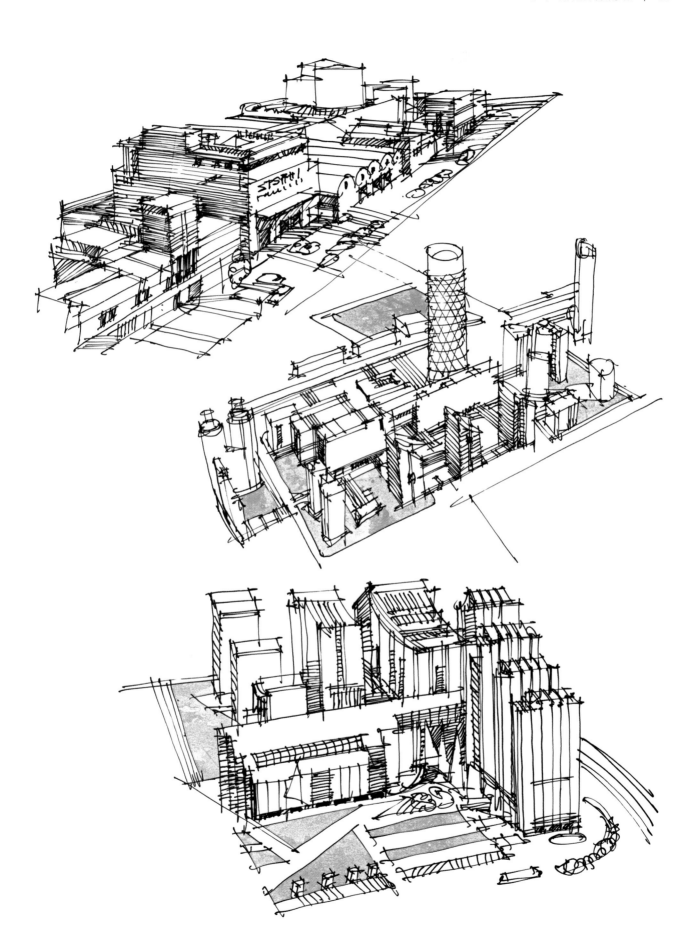

4.4 细部刻画与整体协调

在铅笔轮廓的基础上，基本结构轮廓肯定后，就进入深入阶段，要逐步对建筑各界面做好仔细刻画。有时，我们需要考虑明暗光影与色调的安排，很自然地将暗面加上阴影，与受光面形成对比，突出建筑主体的视觉效果。

在本页图中，作者为了突出流水别墅的主体效果，重点将建筑的凹进部分的阴影部分线条排列紧密，与大面积的亮面留白形成强烈的视觉差，避免了画面的单调感。在细部刻画的同时为建筑主体安排适宜的配景来协调建筑物与画面的前景、中景、后景的统一关系，平衡画面的整体构图与视觉中心。

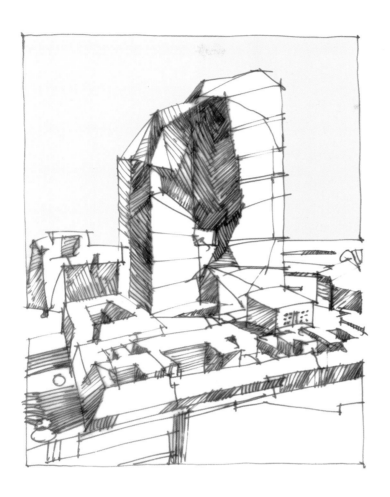

雕塑般的高层建筑，具有强烈的视觉冲击力，也给城市的天际线带来富有变化的轮廓。这种特殊结构的建筑没有一般建筑的标准层，所以需要每一层的分解图，这样才能够反映建筑自下而上逐渐变化的过程。

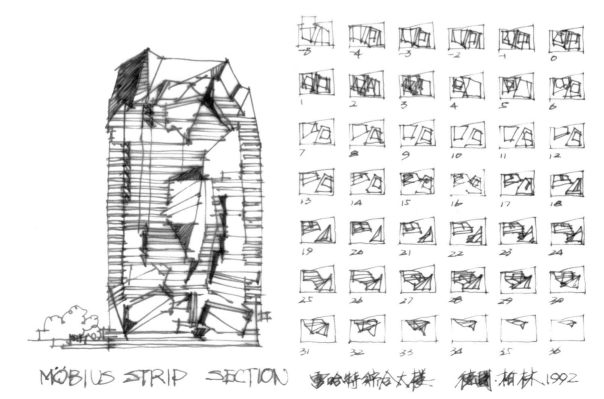

MÖBIUS STRIP SECTION　莫哈特综合大楼　德国·柏林1992

第5章　画面配景与气氛表现

城市景观中，若干个不同的建筑物与植物绿化、动态人物、交通工具和城市设施等，通过一定的组合关系，就形成了一定的环境效果。任何一座建筑物都不能脱离环境而孤立地存在，因此钢笔画表现图中周围的环境也是设计内容的一部分。画面中配置适当地表现建筑环境的配景，不仅使观者能够从其中看出建筑物所在地点是城市或郊外、广场或庭院、依山或傍水，而且还可以通过衬托的作用，在一定程度上增加画面所要表达的建筑气氛，有助于说明不同建筑的特性。钢笔画表现图中的建筑物始终是画面的主体，画面上所有配景的布置和处理，始终只起着陪衬的作用，即使有时对配景加以夸张处理，也是用以充实建筑四周的内容，丰富建筑的环境，以求能够突出建筑物本身。

5.1　配景的意义与画法

建筑配景是指画面上与主体建筑构成一定的关系，帮助表达主体建筑的特征和深化主体建筑内涵的对象。建筑配景对于我们来说也是十分重要的，出现在画面中的树木、人物、车辆等尽管都是些配角，却起着装饰、烘托主体建筑物的作用。在它们的掩映下，使较为理性的建筑物避免了枯燥乏味的机械之感，而显得生机蓬勃、丰富多彩。

植物绿化

植物绿化加强了建筑物与大自然之间的联系，可以起到柔化建筑物过于人工化的线、面、体造型。植物的形态最能表现地区气候特征，热带的树木挺拔疏朗、温带的树木兼而有之，植物又是千姿百态的。对建筑物而言，植物绿化比例尺度的恰当和形态的优美可使画面更为生动。

在钢笔画表现中，树可以作为远景、中景或近景，作为远景的树，一般处于建筑物的后面，这种树层次要少，一般有一至两个层次就够了，树的深浅程度以能衬托建筑物为准。当建筑物为受光的画面时，树可以画得深一些；当建筑物为不受光的暗面或处于阴影中时，树可以画得浅一些，不宜画得太深。凡在建筑物前面的树，只要处理得好，都可以使画面增加空间与层次感；但如果画得不好，也可能像贴在建筑物上一样。作为近景的树，不应遮挡建筑物的主要部分，这就涉及树型的选择与位置安排，一般以选择树干较高、树枝较为稀疏的树为宜。

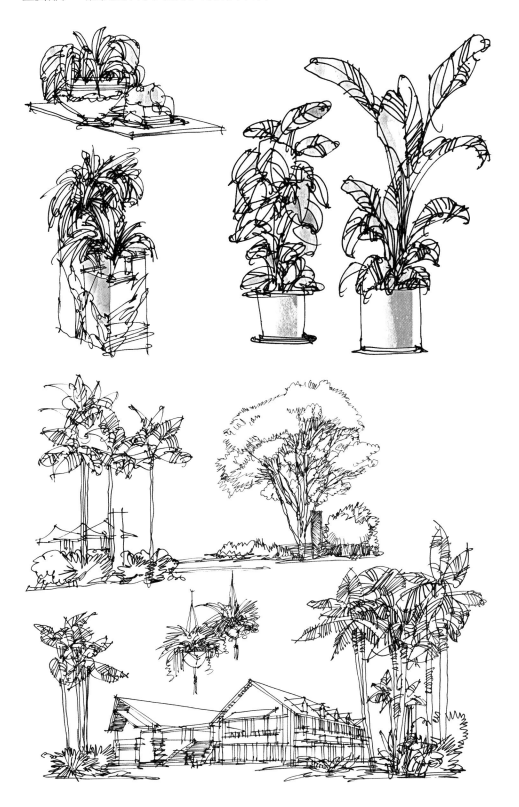

一般来说，树的上部线条稀疏，下部线条浓密，很自然就形成了体积感。

　　虽然自然界树木种类繁多，体态各异，但我们细致分析后就会发现每种树形中都蕴藏着各自特有的几何形体，在阳光照射下尤为明显。把复杂的形体先概括为最简单的几何形体，然后用与树种、树形相适应的线条画出细部，是表现树木体积感和质感最好、最有效的方法。

交通工具

　　交通工具和车辆同样起着装饰、烘托主体建筑物的作用。在它们的掩映下，使较为理性的建筑物避免了枯燥乏味的机械之感，而显得生机蓬勃、丰富多彩。画汽车也要考虑到与建筑物的比例关系，过大或过小都会影响建筑物的尺度，在透视关系上也应与建筑物一致，使整个画面的气氛统一、和谐。

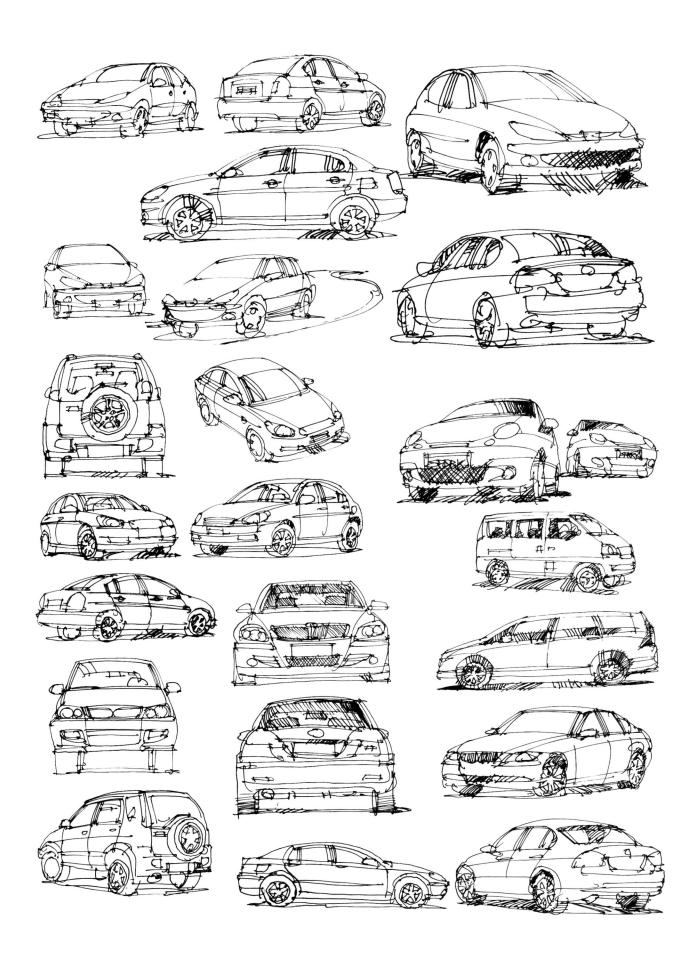

交通工具和汽车的造型新颖而现代，反映了时代流行的趋势和动向。对于建筑师来说，在描绘汽车和交通工具优美造型的瞬间，说不定就会产生富有创意的设计灵感。配置交通工具时，一般都安排在画面的中景处，应与建筑功能和用途相符合并与建筑尺度一致，以体现建筑的性质。

动态人物配景

　　造型现代的船舶与快艇和各种动物也是建筑表现图中常用的配景。在表现海边场景、临水建筑等画面时是必不可少的。

城市设施

　　其他配景如广告灯箱、路灯、街边座椅、城市雕塑和护栏等城市设施，在绘画过程中都应考虑其与主体建筑的关系。巧妙地处理配景素材的位置、明暗、疏密等关系，可平衡画面构图，烘托环境气氛，增强画面动感，强化视觉中心，并烘托出主体建筑，达到与周围环境和建筑形成一种内在的微妙"共鸣关系。"

5.2　画面配景的要点

　　画面配景的安排应本着不削弱主体、自然和谐的原则，配景的安排要有的放矢，注重整体的感觉，局部的处理要服从整个画面的需要。配景在画面所占面积多少、透视的关系、色调的安排、线条的走向、人物的神情动作，都要与主体建筑配合紧密，与整个建筑环境取得一致，不能游离于主体之外，这样才能使画面体现其完整、真实、生动的风采。由于画面布局有轻重主次之分，所以位于画面上的配景常常是不完整的，尤其是位于画面前景的配景，只需留下能够说明问题的那一部分就够了。配景若贪大求全，主体建筑反而会削弱，因此要从实际效果出发，取舍配景，把握好分寸感是配景的要点。

5.3 配景作为画面前景的安排

在画面中，前景在构图、意境、气氛和景深等方面起着重要的作用，被用来加强画面的空间感和透视感，以对比的手法调动人们的视觉规律，通过想象去感受画面的空间距离和纵深轴线。在本页图中作者在基本的形体结构轮廓勾画基础上，开始进入整体画面地深入工作，为画面添加适宜的配景，构建完整的视觉画面。要根据画面的情况来安排形体的明暗光影与色调关系表现，运用阳光来作为画面最佳的"配景角色"，自然地为画面增添光亮的效果。同时，为了突出主题和重点，着重强化了建筑内部与外部的对比效果。同时为了防止画面的单调，在建筑物的下方以多样配景做了视觉上的引导处理，重点安排了配景的内容与位置，特别协调了建筑物与地面及配景的关系。

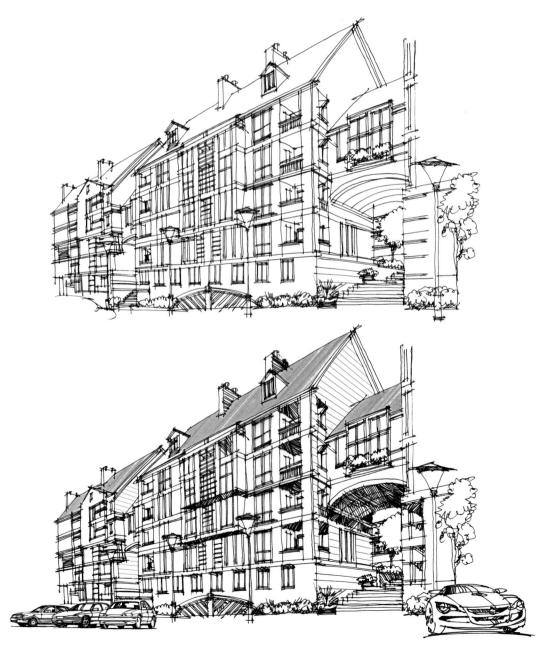

5.4 配景作为画面气氛的渲染

　　人物和树木、绿化、交通工具和城市设施等配景对画面都可以起到气氛渲染和烘托环境的作用。在钢笔画表现图中，人物是最重要的配景，生动的人物姿态最能活跃画面气氛。树木、绿化和建筑物的关系最为密切，成为建筑物的主要配景。交通工具和车辆同样起着装饰、烘托主体建筑物的作用，能够给画面带来动感。其他配景，如广告灯箱、路灯、街边座椅和护栏等这些城市设施，也可以起到烘托环境氛围和增强画面生活气息的作用。

第6章　画面明暗与光影表现

　　钢笔画表现主要有三种方法：一是以线条为主的方法；二是以线面结合为主的方法；三是以明暗色调为主的方法。以线条为主的钢笔画表现方法往往是重轮廓、重结构，通过线的韵味来体现画面的效果；以明暗为主的钢笔画表现，主要是重形体、重空间、重量感，以线条排列轻重感来表达画面的内容。总的来说，都是离不开线的绘画要素。如何处理黑、白、灰三者关系，这个问题，虽然在别的画种中也要妥善地处理，但在钢笔画表现中却更为突出，这是由钢笔画表现的特点决定的。与其他画种相比较，钢笔画表现黑白对比比较强烈，而中间色调没有其他画种丰富。

　　因此，钢笔画表现图的表现对象就必然要认真地分析，并作出适度的概括。所谓概括，就是通过分析以后，去粗取精、去伪存真，保留那些最重要、最突出和最有表现力的东西并加以强调，对于一些次要的、微小的枝节上的变化，则应大胆地予以舍弃，只表现对象中比较突出的要素，而舍去其余细微的变化。这看上去似乎使建筑表现受到限制，其实却正是建筑表现的特长所在。如果我们能够正确地运用概括的方法，合理地处理黑、白、灰三种色调的关系，就能够非常真实、生动地表现出各种形式的建筑形象来。若不分主次轻重地一律对待，追求照片效果，那便失去了钢笔画表现的特点。

6.1　明暗规律

　　以明暗对比手法画钢笔表现图，在明暗处理上和素描的规律基本是一致的：亮的主体表现衬在暗的背景上；暗的主体表现衬在亮的背景上；主体亮，背景亮，中间要有暗的轮廓线；主体暗，背景暗，中间要有亮的轮廓线。因为钢笔表现是平面的造型艺术，如果没有明暗的对比和间隔，主体形象就可能和背景融成一片，丧失被视觉识别的可能性。所以有人把画面明暗比作运载手段，有了它，画面形象才会显现出来。背景的处理（包括留白）是钢笔画表现画面结构中的一个部分，只有在绘画中细心处理，才能使画面内容精炼准确，使视觉形象得到完美表现。

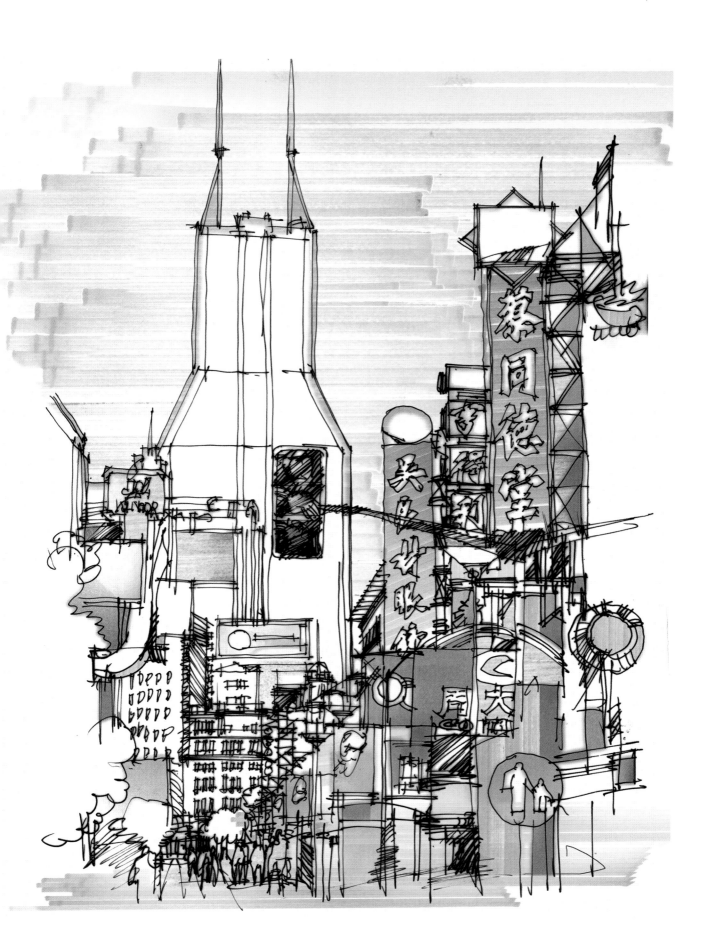

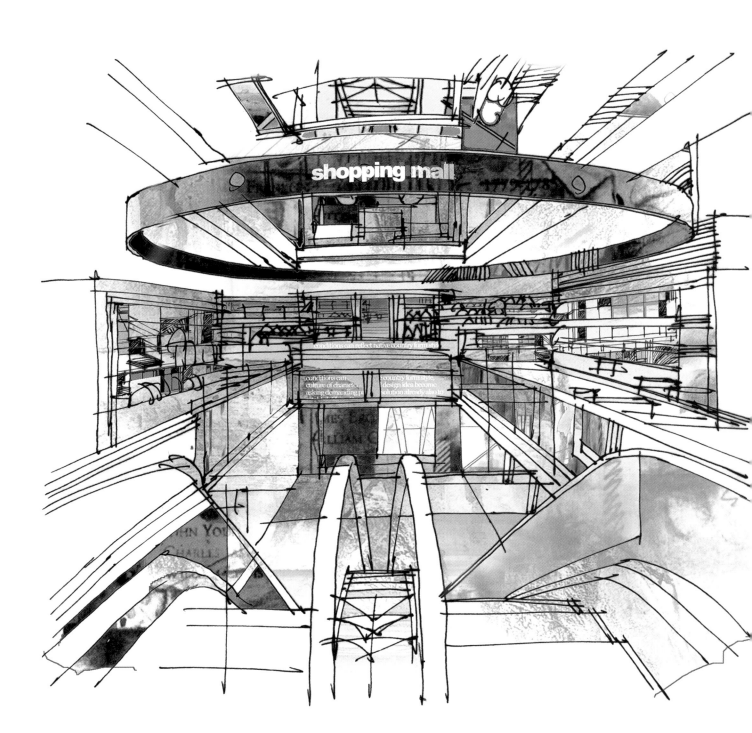

6.2　对比要素

　　对比，从古希腊就有"对立造成和谐"的美学观念。在钢笔画表现中，对比是构成形式美的重要手段。以绘画表现对比，即矛盾或对立在画面上的统一，"没有矛盾，就没有结构"这一文学法则对于钢笔画表现也是适用的，钢笔表现中的形式对比，在对比中达到统一是对这一法则的直接体现。形式对比大体上可分为：明暗、黑白、动静、虚实、大小、粗细、繁简和不同艺术形式的组合等。视觉艺术尤其是钢笔画表现中所应用的系列对比，能给观者视觉和心理上以鲜明有力的视觉冲击。

　　用线面结合的方式绘制室内手绘图时，要注意空间的结构关系，抓住画面重点加以绘制，有意识地弱化背景图像，同时注意物体本身的明暗色调对比和光线影响下的明暗变化，线条的处理用简练的线抓住对象的形体结构，同时，要注意线的轻重和虚实变化结合，使明暗块面和线条的分布处于变化和统一的和谐之中。

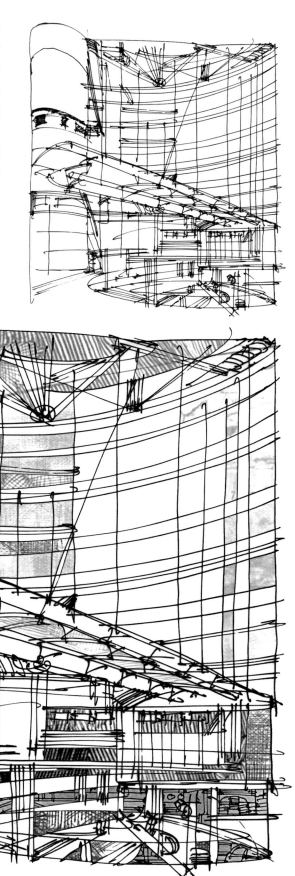

在钢笔画表现中，明暗的对比与空间的表现有着直接的联系，所以在构图中，我们不能只停留在形态的构图阶段，而忽略了明暗在构图中的塑造作用。以明暗表现手法的钢笔画室内表现图，也是通过线条来实现，但其线条处理不仅强调线条本身的魅力，而且通过线条的排列组织、疏密关系来体现空间的场景、形态和氛围，使空间的描绘不仅具有功能性，还要有形式美感。

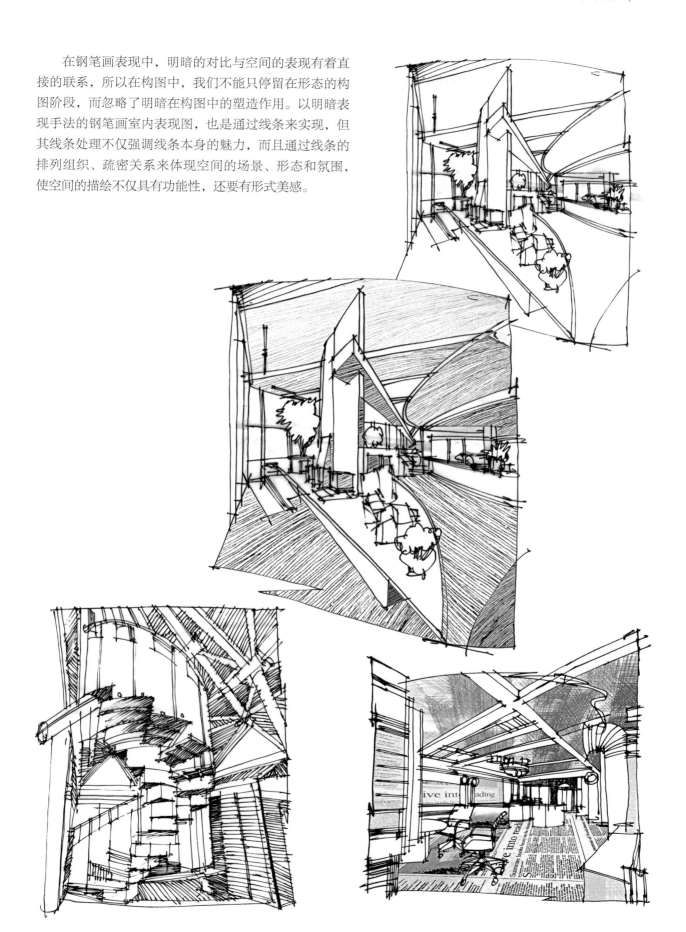

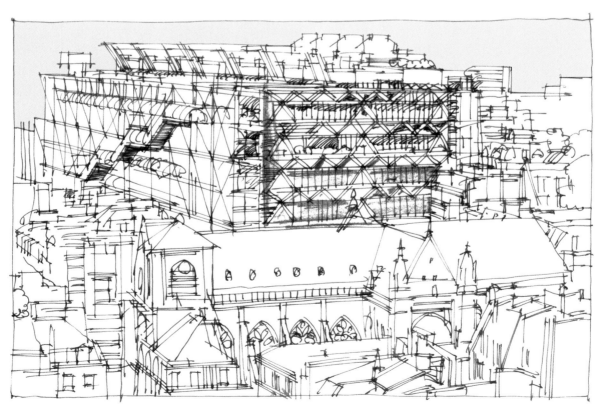

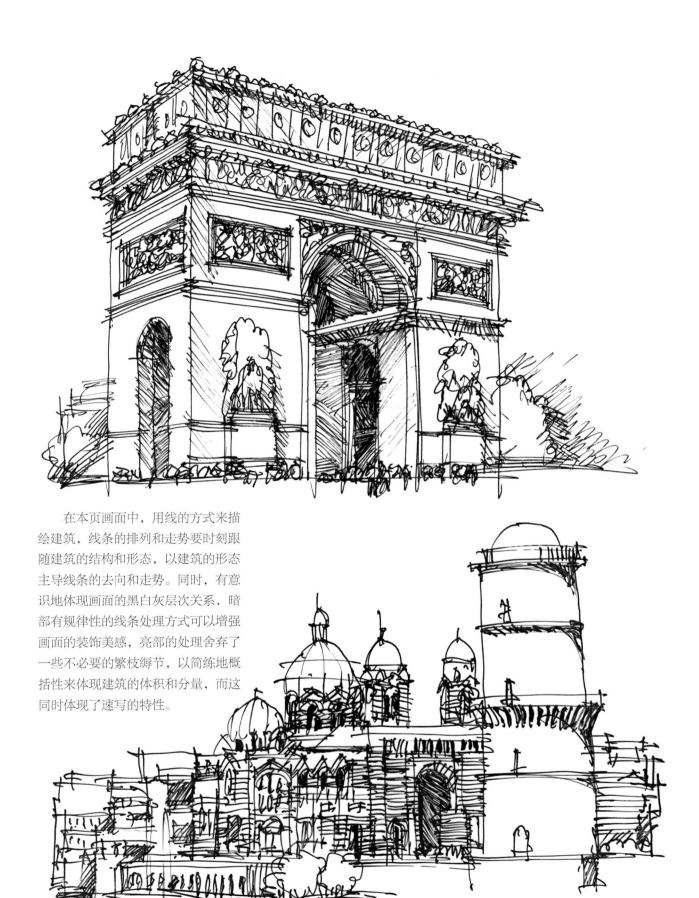

在本页画面中，用线的方式来描绘建筑，线条的排列和走势要时刻跟随建筑的结构和形态，以建筑的形态主导线条的去向和走势。同时，有意识地体现画面的黑白灰层次关系，暗部有规律性的线条处理方式可以增强画面的装饰美感，亮部的处理舍弃了一些不必要的繁枝缛节，以简练地概括性来体现建筑的体积和分量，而这同时体现了速写的特性。

6.3　图底关系

　　在钢笔画表现图中利用图底关系组织画面是比较常见的表现手法，图底关系实际上也是明暗关系的另一种表现形式，图可以是暗部也可以是亮部，反之，底可以是亮部也可以是暗部。同时，这种明暗关系是可以转换的，这种转换可能会给画面带来更为丰富多彩的效果。图——有突出性，密度大，有充实感，有明确的形状和轮廓线。底——有后退性，密度小，无明确的形状和轮廓线。

6.4　光影表现

　　自然界的主光源是日光，它的照射角度和亮度会随地点、季节、时间和气候条件的不同而变化，直接影响画面中的光影关系和气氛，从而改变人们对表现对象的感知。对光的特性加深认识，并利用它的变化来刻画表现对象的凹凸关系和渲染画面气氛，是钢笔画表现的重要手段。

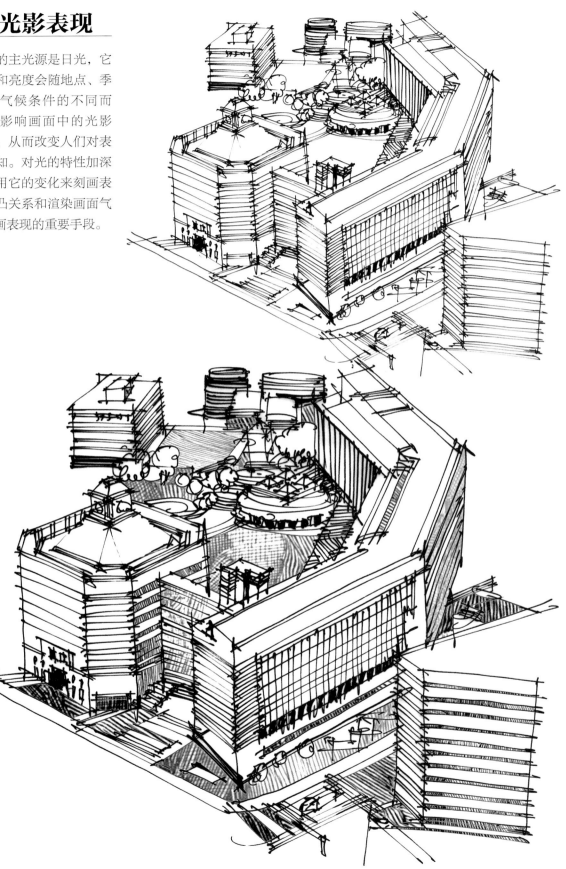

　　光对于塑造建筑形体、体现建筑结构和空间场景氛围具有很重要的作用，一栋建筑，不同的光线下所产生的韵律感也不相同，所以我们在绘画时要把握最理想的一刻加以描绘。另外多注意在光线照射下的建筑的结构节点，如檐突、窗框、转角等的形态变化，以及不同材质所呈现的不同情况，在阳光照耀下，建筑体显得明亮，反差大，从而能突出建筑的外部特征，把建筑的三维空间真实地凸显出来。要利用那些简洁、形状鲜明而整齐的阴影作为画面的组成部分，形成画面的节奏感。

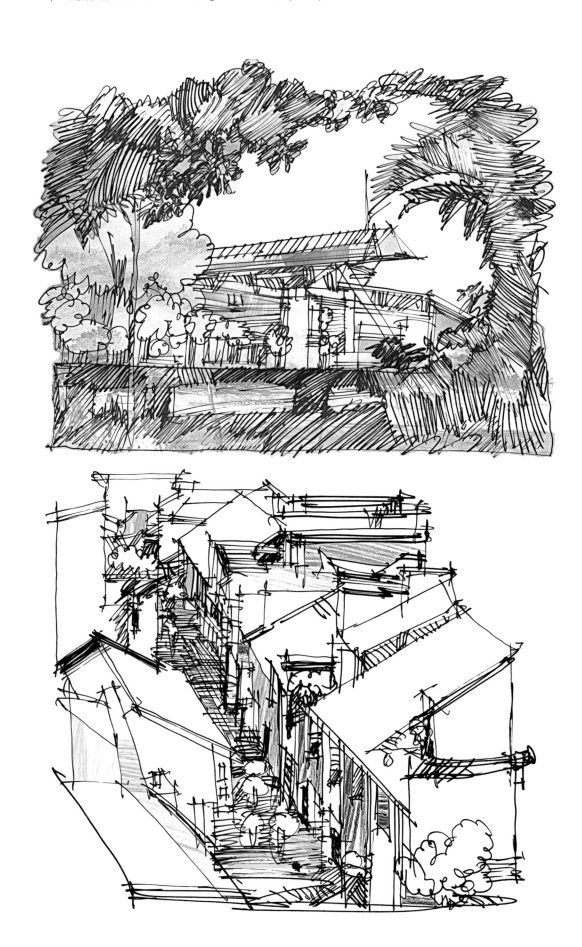

第7章 美术实习写生采风

钢笔画表现图不仅仅是把客观景物真实地展现出来，而且应该随着表现技能和创作理念的提高，逐步地将自身的情感作用于客观世界的表现，这样才能摆脱景物对表现的制约，才能获得真正意义上对客观景物的真实情感的表达。讲到风格和艺术性自然会联系到作者的个性。一张优秀的建筑表现图也应该有自身的个性体现，如果是千人一面的绘画手法，等于把钢笔画表现当成了纯技术的工作，成为规范化的设计制图，这不符合艺术发展的规律。主观意识渗入钢笔画表现的过程是至关重要的。其主观意识不是盲目的，是建立在对客观景物感受上的趋向，使平实无华的景物表现出一种耐人寻味的深意。

因此我们提倡应根据不同的地域传统、不同的建筑物体、不同的季节气候、不同的场景环境，画出不同风格、不同表现手法的钢笔画表现图。在具有一定的造型能力，熟练掌握绘画语言和绘画技巧后，有效地发挥钢笔画表现准确、生动、轻松、随意、流畅、明快的特点，举一反三，就能创造出更多更美的形式，创作出有个性、有特色、有创意的钢笔画表现图。

7.1 民居风格

由于中国疆域辽阔、民族众多，各地的地理气候条件、历史传统、生活习俗、人文条件、审美观念不同，各地居住的房屋样式和风格也不相同。因而，民居的平面布局、结构方法、造型和细部特征也就不同，呈现淳朴自然而又有着各自的特色。北京四合院、西北黄土高原的窑洞、安徽的古民居、江南水乡民居等是建筑院校和艺术院校最常选择的教学写生基地。研究这些民居的风格和形式对于加深理解民族文化、地域文化、提高审美意识、陶冶专业修养都起到潜移默化的效果。

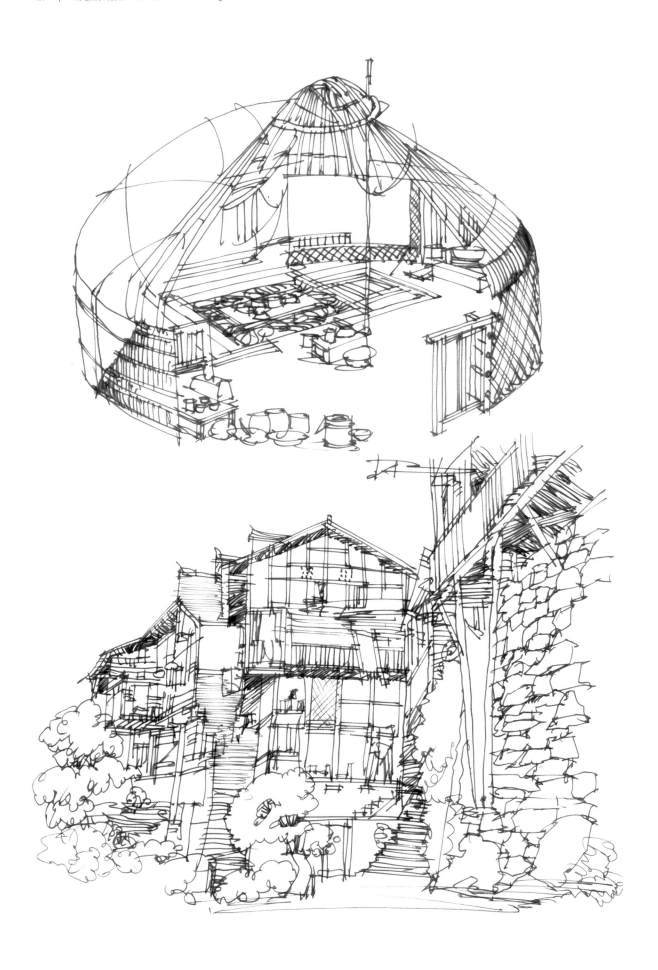

7.2 村落民居

通过村落民居的写生，我们能获取中国传统造型（民居、风土人物、自然风景）的直观感受与第一手资料，用线描来提高钢笔速写造型能力和表现力，或者钢笔素描甚至加上后期的电脑制作等方式，但不管采用哪种表现方式，最终的目的是让我们更好地理解这些民居建筑的形态特征，点、线、面的组成形式，还有构成关系等。这样，我们在做设计的过程中能更好地把握空间造型能力。

永泰嵩口 陈方达 绘

　　这是两幅笔触感很强表现图，不论是用色还是线条，都十分的精到。作者用笔放松，敢于表现。笔触感豪爽、执意、大气和快速。干净利落的落笔方式使空间的虚实关系突出，一气呵成。

婺源民居、福建民居　陈方达　绘

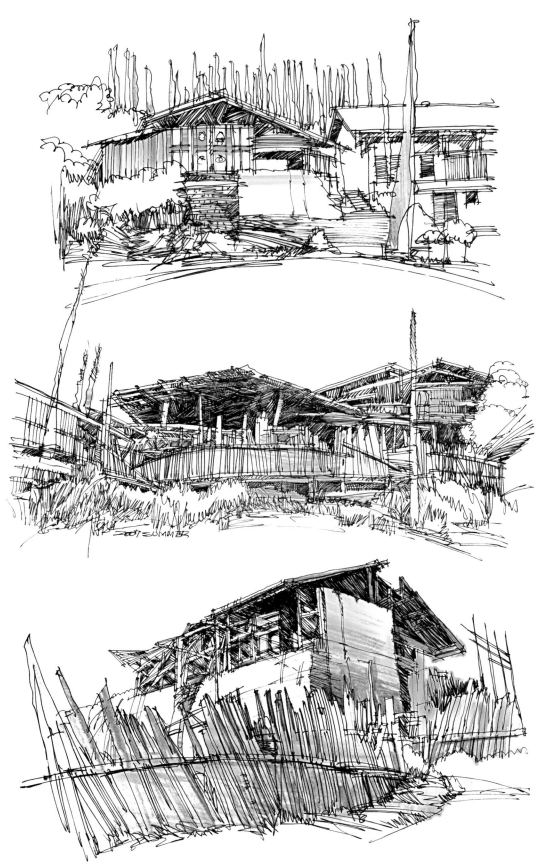

四川九寨沟民居

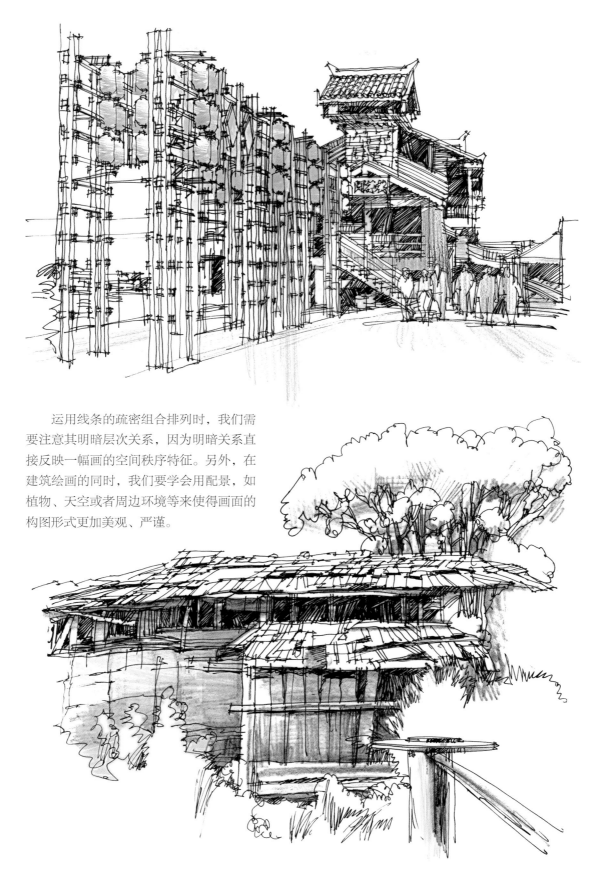

运用线条的疏密组合排列时，我们需要注意其明暗层次关系，因为明暗关系直接反映一幅画的空间秩序特征。另外，在建筑绘画的同时，我们要学会用配景，如植物、天空或者周边环境等来使得画面的构图形式更加美观、严谨。

四川九寨沟村口广场与民居

四川九寨沟景区景观

对实际场景进行写生，我们要将精力倾注在对象的结构、形态特征的刻画上，在线的基础上施以简单的明暗块面，以便使形体表现得更为充分。这种画法既很好地完成了表现对象轮廓、结构特征的首要使命，同时又有了锦上添花的效果，比单纯的线描更显得灵活、生动、丰富，尤其有利于优化画面主次、虚实、层次的表达。钢笔画表现图往往由于受到时间以及环境条件的限制，不太可能在现场上做过多的明暗刻画。因此，这种形式的画法，更适合在室内对钢笔画表现图作后期处理。

四川成都与都江堰景观

7.3 民居构件

民居构件的写生对于我们的设计创作是十分有帮助的，这些具有传统特征的造型、图案和纹理会带给我们一些关于装饰设计的灵感。对这些民居构件进行写生，不仅锻炼了我们钢笔画的造型能力，也有助于帮助我们更好地理解装饰设计。这些构件是立体形式的形态存在、是平面纹理图形的构成，它们形成的疏密关系，存在的文化内涵，本身就是一件件艺术品。在写生时，建议更多地进行正立面的描绘，这样我们便可以将三维的形象用二维平面的方式来记忆。

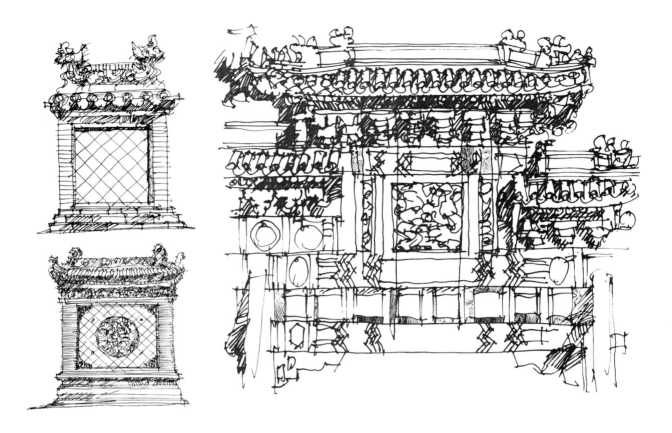

7.4 都市建筑

　　都市建筑场景的钢笔画表现是一个难点，在创作场景空间时，一定要具备扎实的空间透视把握能力，对于空间中的物体要正确地认识轮廓线的走向斜度的概念。注意竖向线、横向线、相交点的斜线的综合把握，同时可以结合自身专业知识，通过物体属性尺度概念的清晰认识去创作透视场景。

　　这种心中透视的概念需要多观察和体会成功的钢笔画表现作品的空间营造，并做大量地练习和经验总结，达到顺其自然地勾勒，从而很熟练地进行徒手钢笔画设计创作表现。

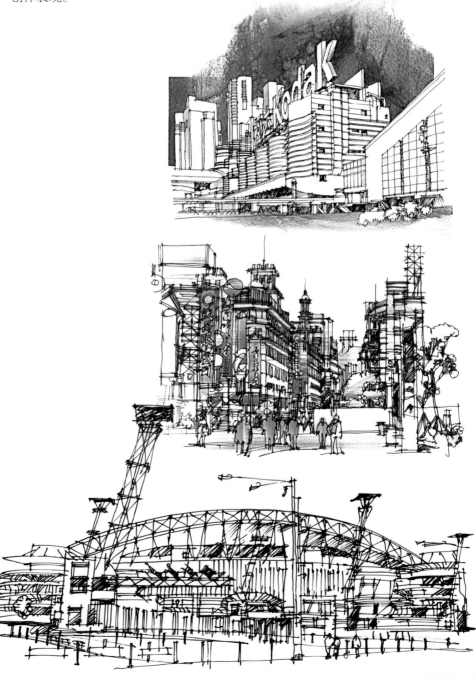

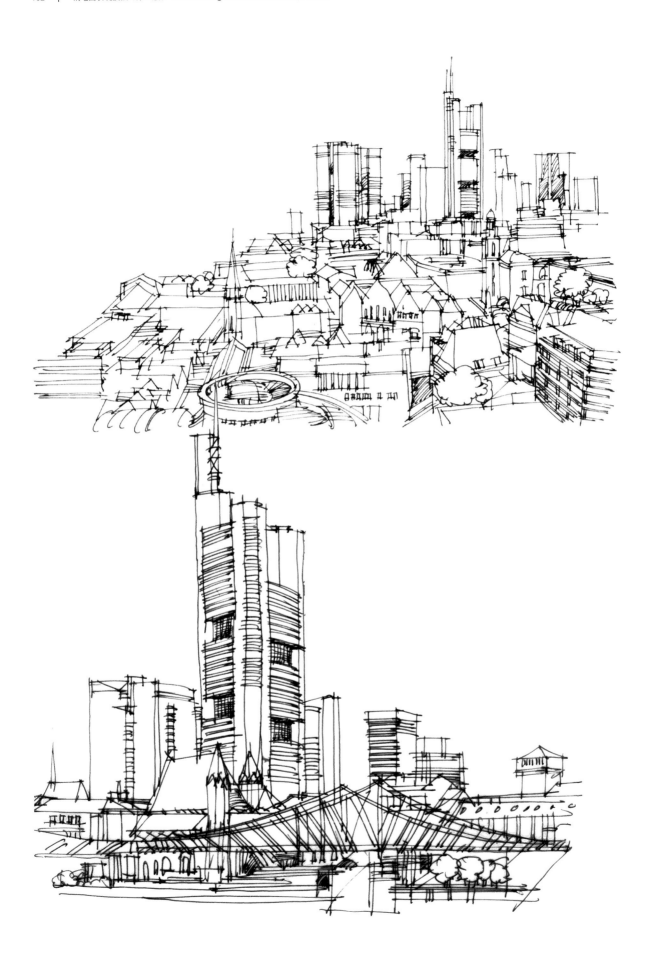

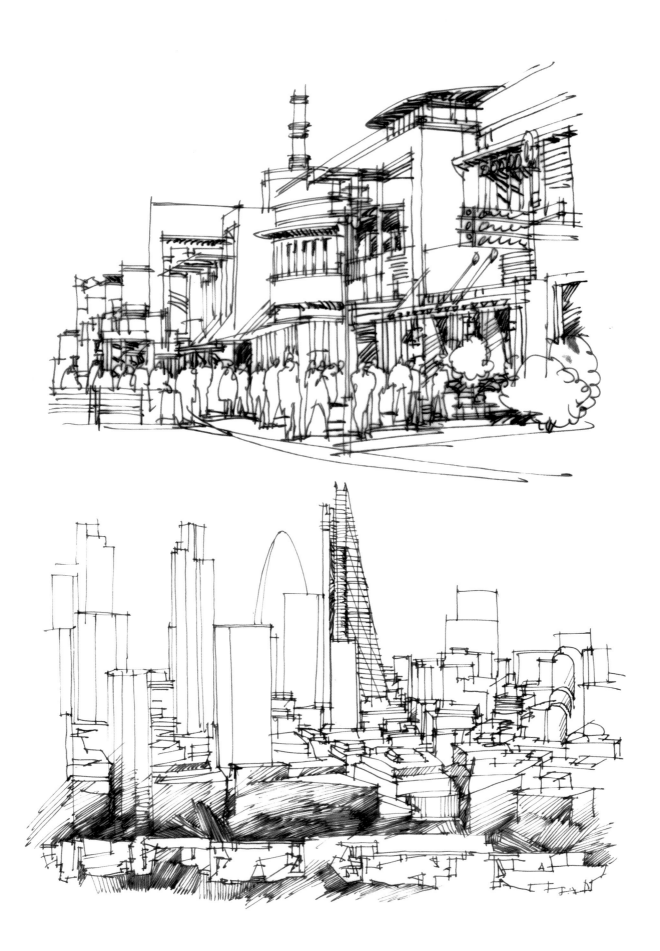

第8章　作品赏析

在钢笔画表现图中，同一个建筑物可以用各种不同的工具和材料来表现，如铅笔、钢笔、彩色铅笔、马克笔、色粉笔、水彩、水粉、喷笔等。不同的工具和材料性能和特点各异，因此所作出的表现图效果就不同。总体来说，要求我们选用的表现技法不仅要恰如其分地表现出设计的意图，表现效果好，而且还要画起来速度快。各种表现技法之间有许多差别，又有许多联系，我们通过实践可以找到这些联系与差别并选择适合自己的表现技法。在这里我们介绍几种常用的表现技法，它们的特点是表现力强且适合快速表现，方便迅捷。同时我们也应该不断地尝试和运用各种新的工具和材料，创造出新的表现方法。

能够运用各种工具从各个角度来表现一些简单和复杂的场景是设计中的理想境界。达到这一境界需要一种综合能力，即眼、手、脑并用的形象化思维过程。

作品范例

　　下图是一幅纯钢笔手绘表现图，该作品从题材、构图、明暗、画面的形式感都经过了精心推敲，画面严谨且新颖。文字的编排和画面结合恰到好处，由线条表达的画面疏密感，轻重关系使得画面均衡而稳重。这不仅是一幅比较优秀的钢笔手绘表现图，也是一幅不错的平面作品。

DURING THIS WEEK LONG MAY DAY HOLIDAY, TOURISM IN TONGXIANG CITY WITH WUZHEN SCENIC SPOT AS THE LEADING ROLE WAS GENERALLY IN GOOD SITUATION, HAVING ACHIEVED THE TARGET OF SAFETY, GOOD ORDER, QUALITY AND PROFIT. ALL TOURISM INDICATORS HIT A RECORD HIGH, DEMONSTRATING THE CHARM OF TOURISM IN THE CITY.

乌镇印象　张蓝图 绘

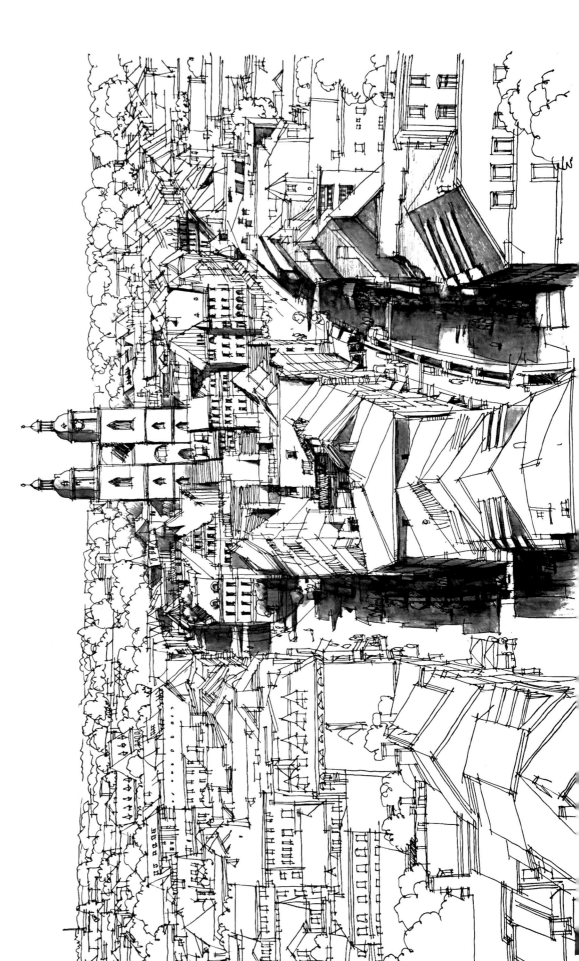

德国维特思贝格鸟瞰 陈新生 蔡小强 绘

这是一幅钢笔线稿铅笔局部上色的表现图。黑白灰的效果让整幅画显得庄重而宁静。在用铅笔上色时注意到了虚实关系和轻重缓急，使暗部投影产生了一些微妙的变化。这种处理手法可以使整个画面协调统一，更好地渲染出画面的整体氛围。画面色彩并没有画满，画面的整个画面的光影、焦点、立体感和生动性都达到到较好的效果。

这是一幅比较厚重的色彩表现图，作者在表现时，用笔、笔法和笔触效果都十分讲究，有如行云流水般自然的气魄，也有心思缜密的细腻刻画，有水彩的渲染与柔和，也有马克笔笔独到的运笔和收放。

在整个绘制过程中有了比较清晰的绘图逻辑，使得画面有条不紊地表达出具有较高艺术感染力的效果。

作者不仅把握住了画面面的整体节奏，更描绘出了地域景色的意境。

印度恒河 夏克梁 绘

美国加利福尼亚州橘园小镇改造方案

挺拔的钢笔线条加以并不复杂的颜色层次，使得画面简洁、概括、和谐和统一。在清晰和生动地表达了设计意图和设计构思基础上，又准确地把握了欧洲小镇的独特风情。

捷克布拉格 陈新生 蔡小强 绘

在这幅比较复杂的钢笔画的层次中，作者采用概括提炼的方法将局部主体上色。用马克笔结合水彩，以"主带次"的形式来表达，仍然能使整个鸟瞰的建筑挺拔而有力，给人们带来强烈的视觉感受。

四川成都锦里街景

在塑造空间层次和形体的基础上，大胆地运用明亮和艳丽的色块点缀，使整个画面不仅富有艺术感染力，也使得设计韵味十足。

德国卡尔斯鲁厄 陈新生 李杰 绘

　　这是几幅较为细致的马克笔表现图，作者把握每个描绘对象的结构与形体特征，并运用微妙变化的色彩对对象细部的刻画，使得每幅作品中的一砖一瓦、一草一木都显现出独有情趣，大大丰富了钢笔手绘所演绎的艺术效果。可以看出作者用笔果断、挥洒自如，在色彩上追求透明轻快的效果，色彩与线条完美融合，以线条来突出画面的节奏感，以色彩来突显画面的明暗调子与体积感。

云南香格里拉　夏克梁 绘

这两幅细致入微的表现图，灰灰的调子给人以安静祥和之感。在建筑物背光面和暗部的处理手法运用得舒缓、生动，且暗中有亮。在画面的表现语言组织上显得严谨有序，整个画面的基调映衬出作者对光线的把握十分独到。

陕西民居 李明同 绘

　　画面描绘了现代城市的街景，钢笔线条与彩色铅笔相结合，表现了一种淡雅清新的环境。彩色铅笔在不同色彩之间的过渡是这幅画的特色，仔细观察就会发现，几乎每个细小的局部都由两种甚至三种色彩构成，旗帜、小轿车、花坛、树木及屋顶都是这样处理的，而且这种技法操作也相对比较容易。

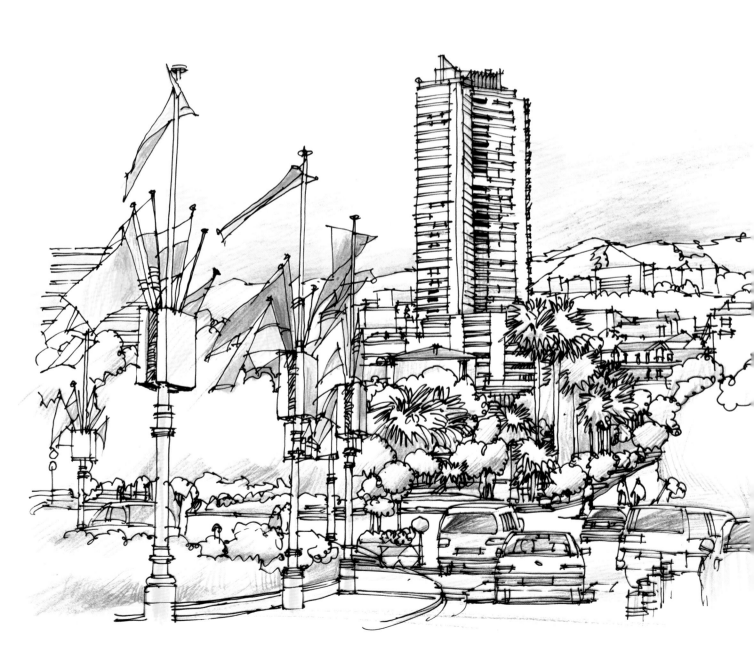